权威推荐

U0208888

肉羊高效养殖技术

夏风竹　田　梅　编著

权威专家联合强力推荐　　专业·权威·实用

本书介绍了肉羊的优良品种、肉羊的高效饲养管理和繁育技术等内容。
语言通俗易懂，方法先进科学、简单易行，是专业肉羊养殖的技术宝典，
值得广大养殖人员参考和借鉴。

河北科学技术出版社

图书在版编目(CIP)数据

肉羊高效养殖技术 / 夏风竹，田梅编著. —— 石家庄：河北科学技术出版社，2013.12(2024.4重印)
ISBN 978-7-5375-6552-3

Ⅰ. ①肉… Ⅱ. ①夏… ②田… Ⅲ. ①肉用羊–饲养管理 Ⅳ. ①S826.9

中国版本图书馆 CIP 数据核字(2013)第 268955 号

肉羊高效养殖技术

夏风竹　田　梅　编著

出版发行	河北科学技术出版社	
地　　址	石家庄市友谊北大街 330 号(邮编:050061)	
印　　刷	三河市南阳印刷有限公司	
开　　本	910×1280　1/32	
印　　张	7	
字　　数	140 千	
版　　次	2014 年 2 月第 1 版 2024 年 4 月第 2 次印刷	
定　　价	42.80 元	

Preface 序

　　推进社会主义新农村建设，是统筹城乡发展、构建和谐社会的重要部署，是加强农业生产、繁荣农村经济、富裕农民的重大举措。

　　那么，如何推进社会主义新农村建设？科技兴农是关键。现阶段，随着市场经济的发展和党的各项惠农政策的实施，广大农民的科技意识进一步增强，农民学科技、用科技的积极性空前高涨，科技致富已经成为我国农村发展的一种必然趋势。

　　当前科技发展日新月异，各项技术发展均取得了一定成绩，但因为技术复杂，又缺少管理人才和资金的投入等因素，致使许多农民朋友未能很好地掌握利用各种资源和技术，针对这种现状，多名专家精心编写了这套系列图书，为农民朋友们提供科学、先进、全面、实用、简易的致富新技术，让他们一看就懂，一学就会。

　　本系列图书内容丰富、技术先进，着重介绍了种植、养殖、职业技能中的主要管理环节、关键性技术和经验方法。本系列图书贴近农业生产、贴近农村生活、贴近农民需要，全面、系统、分类阐述农业先进实用技术，是广大农民朋友脱贫致富的好帮手！

中国农业大学教授、农业规划科学研究所所长
设施农业研究中心主任 张天柱

2013年11月

Foreword 前言

　　农业是国民经济的基础，是国家稳定的基石。党中央和国务院一贯重视农业的发展，把农业放在经济工作的首位。而发展农业生产，繁荣农村经济，必须依靠科技进步。为此，我们编写了这套系列图书，帮助农民发家致富，为科技兴农再做贡献。

　　本系列图书涵盖了种植业、养殖业、加工和服务业，门类齐全，技术方法先进，专业知识权威，既有种植、养殖新技术，又有致富新门路、职业技能训练等方方面面，科学性与实用性相结合，可操作性强，图文并茂，让农民朋友们轻轻松松地奔向致富路；同时培养造就有文化、懂技术、会经营的新型农民，增加农民收入，提升农民综合素质，推进社会主义新农村建设。

　　本系列图书的出版得到了中国农业产业经济发展协会高级顾问祁荣祥将军，中国农业大学教授、农业规划科学研究所所长、设施农业研究中心主任张天柱，中国农业大学动物科技学院教授、国家资深畜牧专家曹兵海，农业部课题专家组首席专家、内蒙古农业大学科技产业处处长张海明，山东农业大学林学院院长牟志美，中国农业大学副教授、团中央青农部农业专家张浩等有关领导、专家的热忱帮助，在此谨表谢意！

　　在本系列图书编写过程中，我们参考和引用了一些专家的文献资料，由于种种原因，未能与原作者取得联系，在此谨致深深的歉意。敬请原作者见到本书后及时与我们联系（联系邮箱：tengfeiwenhua@ sina. com），以便我们按国家有关规定支付稿酬并赠送样书。

　　由于我们水平所限，书中难免有不妥或错误之处，敬请读者朋友们指正！

编　者

CONTENTS

≫ 目　录

第一章　肉羊养殖概述

第二章 肉羊品种的选择

第三章 养羊的场舍与设施

第四章 肉羊的营养需要与日粮配制

第五章 肉羊的饲养管理

第六章　肉羊的繁育技术

第七章　肉羊的育肥技术

第八章 肉羊常见疾病与防治

第九章 羊肉的生产

第一章
肉羊养殖概述

　　随着羊肉生产的发展，逐渐出现一个专用名词——肉羊，这是一种产肉性能比较独特的羊，生长发育快、早熟、饲料报酬高、产肉性能好、肉质佳、繁殖率高、适应性强等是它的主要特点。

　　我国有丰富的绵羊、山羊品种资源。其中有些在肉用性能上具有一定优势的地方绵羊、山羊品种，比较适合于舍饲。近几年，我们从国外引进一些特殊的肉用品种，加之我国自己相继培育出了一些半细毛羊、细毛羊品种，这些品种资源都为羊肉生产提供了基本条件。

　　目前我国引进的肉用品种具有生长发育快、肉用性能强、成熟早等特点，这些品种资源是商品羊肉生产中理想的终端父本。我国引进的肉用品种有美利奴、夏洛莱、无角道赛特、杜泊羊、萨福克、特克赛尔、波尔山羊等。我国许多地方的绵羊、山羊品种具有抗逆性强、繁殖力高、适应性强等特点，具有这些特点的品种，是较理想的商品羊肉生产的亲本，如小尾寒羊就是羊肉生产中很好的杂交母本。

　　羊肉营养丰富、低脂肪、低胆固醇、低饱和脂肪酸，富含蛋白质、矿物质和多种维生素且细嫩、多汁、味美，属保健型食品，符合现代人的消费需求；肉羊食性广、耐粗饲、抗逆性强，且投资少、周转快、效益稳、回报率高，是高效节粮型草食家畜。发展肉羊生产符合国情民意，特别是随着人们对生态环境保护意识的不断加强，在国民经济高速发展的前提下，各养殖地区政府制定了退耕还林、还草，封山禁牧及实行舍饲的畜牧政策，所以养羊户选择的一种主要饲养模式就是舍饲养羊。

第一节 肉羊的生物学特点与行为习性 》》

不管是舍饲还是放牧，肉羊个体或群体活动都有其一定的规律性。只有了解和掌握了肉羊的生物学特性、行为特点和活动模式，才能更好提供各种条件和设施，以适合肉羊个体或群体习性的特点。

一、生物学特点

（一）怕热易惊，性情温顺

羊一般不怕冷，但怕热，喜欢湿润、温暖的气候，懦弱、胆小、容易受惊。母羊的母性较强，性情温顺，易调教。公羊的雄性强，有悍威，喜抵斗。

（二）腺体发达，嗅觉灵敏

羊的眼球位于头部最外端，瞳孔大，呈水平状，因此具有开阔的视野（190°~306°），但三维立体视觉比较差。运动中的羊为了看清物体，通常需要停下来仔细端详。羊喜欢光亮处，对光线反差很大的景象和阴影都有恐惧感。它可以对色彩进行区别，但远没有人的色彩知觉强。羊有很灵敏的听觉，如果遭遇突然的犬吠声或其他大叫声，会使其陷入难以平静的恐慌中。

羊有非常发达的嗅觉，远胜于人类。它们辨别植物种类和饮水的清洁度就是靠嗅觉，母羊靠嗅觉识别羔羊，公羊若要找到母羊，主要也是通过嗅觉，而视觉与听觉仅起辅助作用。在生产中，如果将寄主母羊的尿液涂洒在羔羊身上，则寄养容易成功。在羊相互交流方面，触觉起着重要的作用，如吃奶前，羔羊用头撞击母体，母羊即开始泌乳；成年羊间的相互交流也需通过触觉进行。据相关报道，山羊能对苦、咸、甜及酸味进行区分，尤其对苦味有特别的耐受力。

（三）适应性强

羊比其他家畜的适应性要强，但品种类型及分布区的自然条件不同，其适应性也会有所不同。如细毛羊不适应湿热环境，却对干燥的环境比较适应；早熟长毛种绵羊不耐干旱及缺乏多汁饲料的环境条件，但抗湿热环境的能力较强，而且可以抗腐蹄病；山羊体质强健，对各种恶劣的环境和气候都可以适应，在寒带、温带、暖湿带的沟壑、盆地、高山、丘陵、平地等都能适应。

（四）有较强的抗病能力

羊疾病少，抗病力强，一般不易发病。不像其他家畜对疾病比较敏感，羊得病往往到很严重时才会有症状表现出来。如果出现对精料、多汁饲料不积极采食，不反刍，不饮水等现象，都是初发病的征兆，饲主应留心注意，细心观察。

（五）繁殖力强

羊是多胎动物，大多数品种都能两年三胎或一年两胎，通常每胎可产 1～3 羔，故繁殖率高，繁殖周期短，非常利于扩繁增群，加快发展。

二、行为习性

（一）合群性强

羊性喜群聚，只要有领头羊先行出圈、入圈、饮水等，便会有其他羊尾随而来。因此，易于人工养殖进行驱赶。

（二）采食性能广、耐粗饲

羊齿利嘴尖，上下颚强劲，唇薄灵活，食用的植物种类很广泛。它既能啃短草，也能采食各种农副产品与天然牧草。树叶、野草、农作物秸秆、茎叶、糠秕、籽实等都是可以被羊利用的好饲料。作为草食为主的动物，羊如果只吃草，也可以保证其生长；如果喂过多精料，而吃草量不足，则会引发其消化器官的疾病，使粪便变形；如果一次吞食的饲料过多，甚至还有可能导致其死亡。

（三）消化吸收能力强

羊有瘤胃、网胃、重瓣胃、真胃四个胃，有较大的胃容量，约占消化道的 2/3，属于反刍动物。瘤胃能将饲料中 50% ~ 80% 的粗纤维分解掉，使其变成易消化的低级挥发性有机酸和碳水化合物；并能合成维生素 B_1、维生素 B_2、维生素 B_{12} 和维生素 K，且能将非蛋白质含氮物质合成质量高的"细菌蛋白"。羊的第二个消化特点是小肠很长，其肠道的长度是体长的 20 倍。小肠内的脂肪酶、转糖酶、蛋白酶能将"细菌蛋白"分解、吸收，构成绵羊的蛋白质。羊的消化道能将食物充分消化吸收，有很高的饲料消化吸收率。

（四）爱清洁

羊非常爱清洁，通常在采食前总要先用鼻子闻一闻，靠灵敏的

嗅觉分辨食物的好坏。它们往往宁可挨饿也不愿吃被践踏、污染、有异味、怪味、霉烂变质的草料；也不会饮用不洁的水。因此，一定要保证饲喂羊的草料、饮水的清洁新鲜。

（五）喜欢干燥，厌恶潮湿

羊喜欢干燥的生活环境，通常情况下，舍饲的羊站立或休息时都喜欢在地势较高的干燥地方。如果让羊在潮湿低洼的环境里长期生活，往往容易使其感染蹄炎、肺炎及寄生虫病。所以，应在排水畅通、地势高、背风向阳的地方建设羊舍，羊舍内还应建羊床（羊床可距地面 10~30 厘米），以防潮湿，可供羊休息。

第二节 肉羊的生产性能 ≫

（一）屠宰率高，肉质好

肉羊有很高的屠宰率，通常都在 45% 左右，最高的甚至可达 60%；肉羊的肌肉丰满，肉质好，柔嫩多汁，含有较高的赖氨酸与精氨酸，脂肪中的胆固醇含量低。

（二）生长速度快，消耗少

肉羊的生长发育比较快，特别是羔羊在断奶前的生长速度最快，日增重平均在 200 克左右，而且消耗的饲料很少，每日只需 0.2~0.4 千克的精饲料，0.4 千克左右的优质青干草，精料重比可达到 2:1。

（三）板皮质量好

一般情况，肉羊的毛都比较稀且粗，产毛量不多，但板皮比较厚，而且质量好，均匀而富弹性。如马头山羊、波尔山羊以及小尾寒羊等都能产出上等的羊皮。

（四）综合经济效益好

肉羊的饮食以草为主，辅以精料；简单的羊舍构造，并不需要复杂的机械设施，所以投资少，饲养成本低，见效快；羊肉及羊皮价格稳定，有良好的市场销路。因此，肉羊养殖既适合一家一户分散饲喂，又适合大规模、工厂化经营，都可以获得稳定的收益。

第三节 我国养羊业现状及前景

我国有悠久的养羊历史，且有丰富的品种资源，居世界之首的羊只存栏量，这些都是不争的事实。但我国的肉羊发展起步较晚、基点低，和先进国家的差距较大，这些也是客观存在的。所以，当前我国养羊业的首要任务就是怎样正确认识生产现状，解决存在的问题，将发展潜力更好地挖掘出来，以促进肉羊生产健康、快速地发展。

一、我国羊肉生产现状

（一）传统的羊肉生产方式占主导

归纳起来，可以将国内外的羊肉生产分为两种方式：一是羊肉生产主要利用地方绵羊、山羊进行，当年的羔羊当年就可以屠宰，还有一些无繁殖力或老龄的羊经过短期育肥后屠宰；二是在引进的繁殖力强、产肉性能好的绵羊、山羊品种之间进行杂交或将引进品种与本地品种进行杂交生产肥羔。

国外主要是采取第二种方式进行羊肉生产，而我国以第一种方式为主。第二种生产方式的季节性比较明显，多为屠宰大龄羯羊和老龄淘汰母羊，羊肉的质量并不高，羔羊肉的产量也比较少。虽然有较多的饲养数量，而且分布较广，但一般都是分散饲养，规模化饲养很少，全舍饲较少，多以放养为主，导致不能在养羊生产中推广、普及和应用科学技术，而只能按传统的"一把草"饲养法和"靠天养羊"的观念，从而使养羊业的快速高效发展受到限制。

（二）原有的羊肉生产格局未打破

长期以来，因农牧业生产、区域经济、人们生活习惯和环境、气候、地理等自然条件等方面的因素，形成了牧区、农区、半农半牧区等羊肉生产区域，不同区域的生产方向、饲养数量、经济重要性各不相同。一般来讲，半农半牧区及农区以产毛、绒为主的绵羊、山羊饲养居多，而且大多数都属于家庭副业；牧区则以生产肉和板皮的羊居多，这种生产格局对我国肉羊业的发展产生了极大地束缚。

（三）羊肉生产水平较低

羊的出栏率、屠宰率、胸体重、个体产肉量和经济效益等是衡量羊肉生产水平的主要指标。我国与世界先进国家相比,虽然羊肉生产总量居第一位,但整体生产水平却是相对落后的。

(四) 羊肉生产逐步走向标准化

从 20 世纪 80 年代末以来,国外很多优良的肉用型绵羊、山羊品种被陆续引入我国,并使之与我国的地方品种进行了杂交改良,使本地羊的产肉性能得到了提高。同时,对肉羊的繁殖技术和羔羊育肥技术的研究也取得了明显的成绩。在饲养管理方面,对羊群的结构进行了调整,母羊比例增加,并推行了人工授精,推行配合饲料,改变了饲养方式,羔羊育肥技术的良好运用以及对羊病防治工作的加强;在饲养规模上,除了兴办规模羊场或农村实行小群饲养外,在牧区实行工厂化、规模化养殖;在繁殖技术上,羊的冷冻精液、人工授精、胚胎移植和双羔素等技术被积极推广应用,并开展对羊体外受精技术的研究等。上述多方面的发展,对提高我国母羊繁殖率,提高羊群性能,扩大良种数量以及增加养羊经济效益都起到了巨大的推动作用。

二、提高羊肉生产效益的途径

根据我国肉羊生产的实际情况和国外肉羊生产的经验,可以从以下几方面来提高我国肉羊的生产效益。

(一) 合理的羊群结构

我国的羊群结构长期以来一直处于不合理的状态,表现尤为突出的是在牧区。由于我国牧民一直有"养长寿羊"的观念,所以受此观念的影响,羊群中既有母羊、公羊,也有羯羊和幼龄羊。而母羊中的繁殖母羊只有 50% 左右,比例比较低。如此一来,羊群增殖慢,羊只质量也不高,就降低了经济效益。

合理的羊群结构中，最基础的应是繁殖母羊，对于其他性别、年龄和用途的羊要按照适当比例进行配置。目的在于降低成本、组织再生产，从而增加产品产量。羊群的结构要求根据生产用途的不同而有所不同，按年初或年底存栏统计，产肉为主的粗毛羊，70%应为繁殖母羊；毛肉兼用羊应为 60% ～ 70%。以产肉为主的羊群，如果繁殖母羊的比例在 60% 以下时则很难盈利。

（二）利用多胎品种

在正常的饲养条件下，产双羔的母羊每生产 1 千克羊肉，要比产单羔的母羊少消耗 35% ～ 50% 的饲料。所以，若想既提高母羊的生产比重，又减少饲养母羊的数量，就可用多胎的品种进行羔羊肉生产。如果把母羊在羊群中的比例从 60% 提高到 80%，那么每 100只母羊可增加 28% 的产肉量，还可提高 13% 以上的半细毛产量，而每 100 只带羔母羊的饲料仅需要增加 16% ～ 18% 的消耗即可。

（三）当年羔当年出栏

要改变旧有的"养长寿羊"的观念，因为羊只的生长增重规律是前期快，后期慢，到 1.5 ～ 2 岁时达到体成熟，逐渐停止生长，所以要争取当年的羔羊当年出栏。出生后的前 3 个月骨骼生长最慢，而在 4 ～ 6 月龄时，肌肉和体重的增长最快，脂肪沉积速度在之后增快，到 1 岁时，脂肪与肌肉几乎有相等的增长速度。与此同时，饲料的报酬随着日龄的增长而逐渐降低。所以要善于利用夏秋牧草丰富、气候好的优势及羔羊生长发育快和饲料报酬高的特点。在夏秋青草期对用于生产羔肉的羯羊进行放牧育肥，入冬后适时进行屠宰，是增加收入且节省饲料的有效途径。

（四）广泛利用杂交优势

我国有丰富的绵羊、山羊品种资源，很多品种有大量存栏，其中一些品种具有繁殖力高、适应性强等优良特性，这些品种资源都为羊肉的生产提供了有利条件。根据已有的研究成果，将国内适应性强、繁殖力高的品种与引进的优良肉羊品种进行商品杂交，所繁育的后代表现出生长发育快、适应性强、肉用性能明显等特点。一般情况下，通过短期育肥后，6~8月龄的杂交后代可以出栏屠宰。对杂交积极推行并有效利用杂种优势，是使养羊业取得优质高产高效益的重要途径。

试验结果表明，两个品种进行杂交，子代相较于父母品种的产肉量要提高12%的平均值，至四品种为止。每增加一个品种，就能提高8%~20%的产肉量。三个品种杂交更能使产肉量和饲料报酬显著提高。要想取得预期效果，推广良种和利用杂种优势必须和改善饲养管理结合起来，这一点是不能忽视的。

杂种优势，体现在这几方面：

1. 父本优势　配种可用纯种公羊，也可用杂一代公羊进行。所谓父本的杂种优势，就是用杂一代公羊配种所生产的肥羔，与用纯种公羊配种所生产的肥羔的差异。

2. 母本优势　母本优势有较多的影响因素，通过比较纯种母羊和杂一代母羊的生产性能即可得到。

3. 个体杂种优势　如羔羊的断奶重就是杂种优势。

巧妙地将这三种优势结合起来，生产肥羔和杂种优势的目的就有可能达到。

在杂一代时，个体的杂种优势最大。也即若想得到最大的杂交优势，就用两个不同的纯种进行杂交。只有用杂一代作母本生产杂二代时，才能显示出母羊的杂种优势，肥羔生产是用母羊和羔羊性能的结合。

（五）采用人工授精技术

人工授精可以使种公羊的利用率大大提高，从而使种公羊的饲养数量减少，以节约优良种公羊的购买费用和饲养费用。而且，优良种公羊的价格相对昂贵，如果配种采用的是本交方式，很容易导致某些疾病的传播蔓延，使基础母羊失去种用价值，种公羊失去配种能力。

（六）采用饲草加工调制后喂羊技术

在传统的养羊方式中，所喂的饲草往往没有任何加工调制，如玉米秸，通常是用整株干秸饲喂，而消化利用率在这样饲喂方式下非常低，这不仅极大地浪费了饲草资源，而且饲养周期长，羊只生长慢，出栏率低。所以，为了提高养羊的经济效益，要对青贮、氨化、发酵等饲料调制加工技术进行广泛推广。

（七）做好疾病综合防治工作

疾病是养羊生产中的一大威胁，应将传染病的预防接种工作重点搞好，坚持预防为主的原则，对羊体内外的寄生虫进行定期驱除，还要注意对圈舍进行卫生消毒。在日常管理中还要经常观察羊只的饮食、精神、粪便等是否正常，做到没病早防，有病早发现、早治疗。

（八）向规模化、产业化方向发展

羊肉生产是集多项技术于一体的综合技术，包括品种配置、营养平衡、疫病防治、繁殖控制、产品贮藏加工、运作机制等技术。羊肉生产要想产生高效益，就需要有高的科技含量。只有按产业化、规模化的方式经营，才能实现传统养羊业向现代化、商品化的养羊业转变，从而有效利用各项技术，从根本上摆脱传统羊肉生产的脆弱性与分散性，使科技进步的贡献率得以提高，加快肉羊的产业化步伐。

第二章

肉羊品种的选择

第一节 肉用绵羊品种 》》

一、引进的国外优良品种

（一）夏洛莱羊

1. 产地及形成历史 原产于法国中部的夏洛莱丘陵和谷地，是世界著名的大型肉用绵羊品种。父本为英国莱斯特羊、南丘羊，以当地的细毛羊为母本，通过杂交育成的优良品种。法国农业部于1984年将该品种定为夏洛莱品种。早熟、耐粗饲、采食能力强、对于寒冷潮湿或干热气候均表现较好的适应性等是该品种的主要特点。

2. 体型外貌 体形大，背腰长平，胸部宽深，充实丰满的后躯肌肉；被毛细短且白，头有少量粗毛或无毛，皮肤呈灰色或粉红色。

3. 生产性能 成年公羊体重100~150千克，母羊为75~95千克；周岁公羊体重为70~90千克，周岁母羊体重为50~70千克；4月龄公羔体重35千克，4月龄母羔体重33千克；生长发育快，明显的早熟性；55%以上的屠宰率，185%的产羔率。毛长为7厘米，羊毛细度为60~65支。

4. 推广应用 夏洛莱羊在20世纪的80年代末与90年代初被引入我国，主要被引入河北、河南、辽宁、内蒙古和山东等地。河北、山东及内蒙古等省区，除进行纯种繁育外，还用其作父本，将其与当地绵羊杂交，杂交优势表现明显，杂种羔羊的产肉性能和生长速度都有显著提高。

（二）无角道塞特羊

1. 产地及形成历史　原产于大洋洲的新西兰和澳大利亚。是以考力代羊为父本，有角道塞特羊和雷兰羊为母本，再用有角道塞特公羊进行回交，选择所生的无角后代进行培育而成的肉毛兼用半细毛羊。早熟、生长发育快、繁殖季节长、耐热及适应干燥气候等是该品种的主要特点。

2. 体型外貌　无角道塞特羊公羊、母羊都无角，胸宽深，背腰平直，颈短粗，躯体呈圆桶状，后躯丰满，四肢粗短。被毛及面部、四肢、蹄均为白色。

3. 生产性能　成年公羊体重为 90 ~ 100 千克、成年母羊体重为 55 ~ 65 千克。毛长为 7 ~ 8 厘米，羊毛细度为 56 ~ 58 支，剪毛量为 2 ~ 3 千克，产肉性能和胴体品质较好，130% 左右的产羔率。

4. 推广应用　无角道塞特羊于 20 世纪 80 年代末和 90 年代初从澳大利亚引入我国，主要饲养在内蒙古、山东和新疆等省区。用其与当地绵羊品种杂交来进行肥羔生产，杂一代公羊有较好的产肉性能，6 月龄羔羊的胴体重约 24.2 千克，有 54.5% 的屠宰率，净肉重 19.14 千克，43.1% 的净肉率。该品种在澳大利亚主要作为生产大型羔羊肉的父系品种。

（三）德国美利奴羊

1. **产地及形成历史** 是世界上著名的肉毛兼用品种，原产于德国。德国肉用美利奴羊是用从英国引进的长毛种羊莱斯特品种公羊和法国的泊列考斯羊，与德国原有的美利奴母羊杂交培育而成的。

2. **体型外貌** 德国肉用美利奴羊成熟早，体格大，公羊、母羊都没有角，背腰平直，胸深宽，肌肉丰满，后躯发育良好。被毛密而长，为白色，有明显的弯曲。

3. **生产性能** 成年公羊体重为 100 ~ 140 千克，成年母羊体重 70 ~ 80 千克。羔羊生长发育快，日增重 300 ~ 350 克，羔羊 130 天时胴体重 18 ~ 22 千克，47% ~ 49% 的屠宰率。母羊产羔率 150% ~ 250%，泌乳性能好。

德国肉用美利奴羊被毛品质好，成年公羊剪毛量为 7 ~ 10 千克，成年母羊的剪毛量为 4 ~ 5 千克；公羊毛长 8 ~ 10 厘米，母羊毛长 6 ~ 8 厘米，羊毛细度为 60 ~ 64 支。

4. **推广应用** 德国肉用美利奴羊被引入我国，是在 20 世纪的 50 年代末和 60 年代初，分别饲养在内蒙古、安徽、甘肃、山东和辽宁等省区。该品种耐粗饲，且对降水量少、气候干燥的地区有良好的适应能力。将其与藏羊、小尾寒羊、蒙古羊等杂交，有显著的改良效果，尤其是杂种后代的被毛品质改善明显。生产中要充分利用这一品种资源，可用于改良半农半牧区或农区的细杂母羊或粗毛羊，增加羊肉产量。

（四）考力代羊

1. **产地及形成历史**　产于大洋洲的新西兰，用莱斯特羊、英国长毛型林肯羊为父本，美利奴羊为母本于 1880～1910 年间杂交培育而成，1910 年成立品种协会。

2. **体型外貌**　公羊、母羊大多数无角，个别公羊有小角，头宽而大，额上覆盖着羊毛。唇及蹄为黑色，头、耳、四肢带黑斑。胸深宽，背腰平直，颈部较粗，皮肤无皱褶，体躯呈圆桶状。肌肉丰满，四肢结实，后躯发育较好，腹毛着生良好。

3. **生产性能**　成年公羊体重 100～105 千克，成年母羊的体重为 45～65 千克；4 月龄羔羊体重 35～40 千克。110%～130% 的产羔率，成年羊的屠宰率可达 52%。

4. **推广应用**　考力代羊被引入我国是在 20 世纪 40 年代中期，分别饲养在山东、河北、甘肃、江苏、浙江等省，到 20 世纪 60 年代中期及 80 年代后期，又先后从新西兰及澳大利亚引入一批，饲养在内蒙古、山西、安徽、山东、贵州、黑龙江、吉林、辽宁、云南等省区。除进行纯种繁育外，主要还用来对蒙古羊、西藏羊等进行改良，使新品种类群羊的培育和本地羊质量的改善都获得明显效果。该品种作为父系分别参与培育了陵川半细毛羊、贵州半细毛羊、东北半细毛羊及云南半细毛羊品种群。作为母系与林肯公羊进行杂交，其后代的肉用体型和被毛品质都有明显改进。

（五）萨福克羊

1. 产地及形成历史 产于英国东南部的剑桥、萨福克和艾塞克斯等地。19世纪初期，以当地体大、瘦肉率高的黑脸有角萨福克羊为母本，以南丘羊为父本，进行杂交培育而成的品种。在英国、美国等地主要用作肥羔生产的终端杂交的主要父本。

2. 体型外貌 生长快，早熟，产肉性能好，母羊的母性好，产羔率中等是萨福克羊的主要特性。公羊、母羊都没有角，胸宽深，背腰平直，颈短粗，后躯发育丰满，四肢粗壮结实。成年羊的被毛是有色纤维，头、耳及四肢均为黑色。

3. 生产性能 成年公羊的体重为110～150千克，成年母羊的体重为70～100千克。羔羊3月龄时的胴体可达17千克，而且肉嫩脂少。萨福克羊毛长为7～8厘米，羊毛细度为56～58支，剪毛量为3～4千克，60%的净毛率，130%～140%的产羔率。

4. 推广应用 萨福克羊于1989年从澳大利亚引入我国，主要饲养在新疆，除进行纯种繁育外，还用它和当地的粗毛羊进行杂交以生产肥羔。在澳大利亚用该品种和细毛羊进行杂交，培育出南萨福克羊，因其产肉性能好且早熟，美国将其用作肥羔生产的终端品种。

（六）特克塞尔羊

1. 产地及形成历史 该品种是用林肯羊和莱斯特羊与当地的马

尔盛夫羊杂交选育而成,原产于荷兰,为同质强毛型肉用品种羊。生长快、体大、产肉和产毛性能好是其主要特性。

2. 体型外貌 特克塞尔羊的颈较粗、中等长,头大小适中,体格大。背腰平直、宽,胸圆,鬐甲平,肌肉丰满,后躯发育良好。

3. 生产性能 成年公羊的体重为110~140千克,成年母羊的体重70~90千克;毛长10~15厘米,毛细48~50支,剪毛量5~6千克,60%的净毛率;性早熟,7~8月龄的母羔便可进行配种繁殖,而且母羊有较长的发情季节;80%的母羊产双羔,200%左右的产羔率;4~5月龄的羔羊体重能达40~50千克,可以出栏屠宰,55%~60%的平均屠宰率。

4. 推广应用 该品种羊已被引入英国、法国、德国、美国、捷克、比利时、印度尼西亚和秘鲁等国,并已成为这些国家用作经济杂交生产肉羔的父本和推荐的优良品种。

2005年黑龙江省大山种羊场将此品种羊引进,其中,20多只母羊产羔率平均为200%,公羊14月龄时的平均体重为100.2千克,母羊14月龄时的平均体重为73.28千克。30~70日龄羔羊日增重为330~425克。母羊平均剪毛量为5.5千克。该品种有较好的杂交改良效果。

二、国内优良品种

虽然我国肉用绵羊培育工作起步较晚,但工作进展还是相对较快的。我国目前已经建立了一些以地方优良品种为基础,通过杂交方式育成的肉用绵羊新品种雏形,由此,我国肉用绵羊新品种育成的曙光基本可以看到了。

我国目前肉羊生产仍是以地方优良羊品种为主体。现介绍几种可以用于规模化肉羊生产的地方优良品种。

（一）小尾寒羊

1. 产地及形成历史　产于河北省东部及山东省西南部，以山东省较优。在产区优越的自然条件下，对其祖先蒙古羊经过长期人工选择与精心饲养，培育而成。成熟早，早期生长发育快，体格大，肉质好，四季发情，繁殖力强，遗传性能稳定等是该羊的主要特点，适合舍饲。

2. 体型外貌　母羊有小角或姜形角，鼻梁隆起，耳大下垂；公羊有大的螺旋形角，鬐甲高，前胸较深，体躯高大，前后躯发育匀称，背腰直平，四肢粗壮，蹄质坚实；母羊乳房发达；体躯略呈扁形，小脂尾呈椭圆形，被毛呈白色。

3. 生产性能　周岁公羊平均体重为 60 千克，周岁母羊平均体重为 41 千克；成年公羊平均体重为 94 千克，成年母羊平均体重约49 千克；公羊平均剪毛量为 3.5 千克，母羊平均剪毛量为 2.1 千克，63% 的净毛率；周岁前生长发育快，产肉性能好，产肉潜力较大。在正常放牧条件下，公羔的平均日增重为 160 克，母羔平均日增重为 115 克；在饲养条件改善的情况下，可达 200 克以上的日增重。公羊、母羊性成熟都比较早，通常在 5～6 月龄就能发情，当年可以产羔，母羊多集中在春秋两季发情，有部分母羊一年可生产两次或两年生产三次。随着胎次的增加，产羔率也相应提高，通常的产羔率为 260%～270%，是我国农区较为理想的羔羊肉生产母系品种。该品种不适宜在山区放牧饲养，因为其爬坡能力比较差。

4. 推广应用　目前，小尾寒羊已向全国 20 多个省区推广 30 多万只，因其是我国绵羊品种中有很好的繁殖性能的品种，所以用其作为杂交父本，可以使当地绵羊品种的繁殖率得以提高。

（二）大尾寒羊

1. **产地** 大尾寒羊主要分布在山东、河北两省的部分地区，是具有较好肉脂性能的地方优良品种。

2. **体型外貌** 大尾寒羊耳大下垂，鼻梁隆起。产于河南的公母羊均有角；产于山东、河北的公母羊均无角。后躯较前躯高，前躯发育较差，尻部倾斜，没有明显的臀端，蹄质结实，四肢粗壮。被毛大部为白色，杂色斑点较少。公羊、母羊的脂尾都超过飞节。

3. **生产性能** 成年公羊平均体重为 72 千克，成年母羊平均体重为 52 千克。公羊脂尾重 15～20 千克，个别重可以达到 35 千克；母羊脂尾重 4～6 千克，个别可达到 10 千克。该品种早期生长发育较快，断奶 3 月龄公羔重可达 25 千克，断奶 3 月龄母羔可达 18 千克。一年可剪毛 2～3 次，毛被同质或基本同质，具有一定的产毛能力，公羊产毛量为 3.3 千克，母羊产毛量约为 2.7 千克，45%～63% 的净毛率。除了产毛量较高外，裘皮品质也比较好，所产的二毛皮和羔皮品质好，弯曲适中，颜色洁白。母羊有较强的繁殖力，常年发情并能配种受孕，每胎通常能产双羔。

大尾寒羊早期生长速度快，具有高屠宰率、高净肉率、多尾脂等特点，尤其是其鲜嫩味美的肉质以及羔羊肉都深受欢迎。

（三）乌珠穆沁羊

1. **产地** 产于内蒙古自治区锡林郭勒盟东部乌珠穆沁草原，主要分布在西乌旗和东乌旗、比邻的阿巴嘎旗部分地区及锡林浩特市。该羊属肉脂兼用短脂尾粗毛羊，适应性强，适于天然草场四季大群放牧饲养、肉脂产量高等是其主要特点，而且还有生长发育快、成熟早、肉质细嫩等优点。

2. 体型外貌　体格大，体质结实，头中等大小，鼻梁微隆起，额稍宽；母羊多无角，公羊大多有角，少数无角；背腰宽，体躯长，结构匀称，四肢粗壮，肌肉丰满，小脂尾。

3. 生产性能　6 月龄公羔平均体重为 39 千克，母羊为 36 千克；周岁公羊平均体重为 54 千克，周岁母羊平均体重为 47 千克；成年公羊平均重约 74 千克，成年母羊平均重为 58 千克；被毛属异质毛，成年公羊平均剪毛量为 1.9 千克，成年母羊的平均剪毛量为 1.4 千克，成年羯羊的平均剪毛量为 2 千克；6 月龄的羔羊在放牧条件下，屠前体重平均能达到 35 千克，胴体重平均为 18 千克，50% 的屠宰率，33% 的净肉率；100% 的产羔率。

（四）阿勒泰羊

1. 产地　该品种以肉脂生产性能高、体格大而著称，是哈萨克羊种的一个分支。新疆北部阿勒泰地区的福海、富蕴、青河等县为其主要产地。该羊属于肉脂兼用粗毛羊，体质结实，体格大，适应终年放牧。

2. 体型外貌　母羊中有 2/3 的个体有角，公羊有大的螺旋形角。背平直，胸深宽，肌肉发育好，股部肌肉丰满。有比较特殊的尾型，有大量脂肪在尾椎周围沉积而形成"臀脂"。臀脂发达，腿高而结实。被毛毛色主要为棕红色，部分个体为花色，纯白、纯黑者少，属异质。

3. 生产性能　4 月龄公羔平均体重为 39 千克，4 月龄母羔的平均体重为 37 千克；1.5 岁公羊的平均体重为 70 千克，1.5 岁母羊的平均体重为 55 千克；成年公羊平均体重为 93 千克，成年母羊为 68 千克。毛质相对较差，主要用于制作地毯。成年羯羊胴体平均体重为 40 千克，53% 的屠宰率，脂臀占胴体重的 18%。早期羔羊生长发育快，羔羊 5 月龄时的平均体重为 38 千克，屠宰率 53%，产肉脂胴，平均体重为 20 千克。阿勒泰羊性早熟，在 4~6 月龄就已经性成熟，但初配通常在 1.5 岁时进行，110% 的产羔率。可利用该品种产肉脂性能好、生长发育快、早熟性好、抓膘能力强等特点，发展肥羔生产。

（五）湖羊

1. 产地　主要产于江苏省南部的太湖流域、浙江省北部等地区。该羊性成熟早，四季发情，早期生长发育快，繁殖力强，且由于其初生羔皮的水波状花纹非常美观，而因此著称于世，是优良的羔皮羊品种。

2. 体型外貌　湖羊公羊、母羊均无角，耳大下垂，头狭长，鼻梁隆起，眼微突；胸部较窄，体躯长，四肢结实，腹部无覆盖毛，母羊乳房发达；尾尖上翘，脂尾呈扁圆形；被毛白色，有少量带有黑褐色斑点，初生羔羊的被毛呈水波状花纹，非常美观。

3. 生产性能　周岁公羊平均体重为 34 千克，周岁母羊平均体重为 26 千克，成年公羊平均体重为 49 千克，成年母羊平均体重为 36 千克；毛长 12 厘米，公羊剪毛量为 1.5 千克，母羊的剪毛量为 1.0 千克，55% 的净毛率。宰前公羊体重约为 38.84 千克，屠宰率 48%，胴体重 16.9 千克，宰前母羊体重为 40.68 千克、胴体重约

20.68 千克和 49.41% 的屠宰率；通常情况下，5 个月龄的母羊就已经性成熟，成年母羊四季发情，一般多集中在春末初秋时节，部分母羊两年三产或一年两产。随着胎次的增加，产羔率也相应提高，多数每胎产羔 2 只以上，245% 以上的产羔率。

　　湖羊是培育肉羊新品种和发展羔羊肉生产的母本素材。

第二节　肉用山羊品种　　　　　　　　　　》》》

一、引进的国外优良品种

（一）波尔山羊

　　1. 产地及形成历史　原产于南非的好望角，是世界上最为著名的肉用山羊品种。其祖先的来源有三种：一是来自印度山羊；二是来自欧洲山羊；三是来源于移居"南非班图人"部落的山羊。据相关资料记载，波尔山羊的培育过程经历了三个阶段。

　　第一阶段（1800～1820 年），南非好望角地区的牧场主们随着居住环境的逐渐稳定，开始进行山羊的选择育种工作，主要是针对当地山羊的某些特殊性状进行，通过选育品种的饲养，形成了被毛短、体型紧凑结实、匀称的早期波尔山羊。其中以无角型和土种型居多。

第二阶段（开始于 20 世纪初），波尔山羊品种在这个时期已经基本定型。许多羊场向肉用方向选择，并育成了体型良好、生长快、繁殖率高、体躯被毛短、且头部和肩部都有红色毛斑的改良型波尔山羊，但此时仍有大量的长毛型和普通型。

第三阶段（1959 年开始），南非波尔山羊品种协会于 1959 年 7 月成立，波尔山羊正规化育种工作从此开始。育种协会首先将改良波尔山羊的品种标准制定出来，并对其外形特征做出规定。波尔山羊生产性能测定计划于 1970 年正式实施，标志着开始进入了波尔山羊生产特征的选择阶段。权威机构鉴定，认为波尔山羊的肉质结构极好，具有优秀的肉用体型。

2. 体型外貌　公羊、母羊都有角，耳大下垂，颈粗短，全身肌肉丰满，四肢粗壮，除头颈部有棕黑色或棕色色斑外，全身均为白色。

3. 生产性能　波尔山羊体躯大，初生平均重 3.5 千克，3 月龄断奶羔重 21 千克，周岁时能达 50 千克，成年母羊体重平均 60 千克左右，母羊产羔率为 207%，成年公羊最大体重达到 180 千克。波尔山羊平均屠宰率在 48% 以上，最高可以达到 60%。因其早期生长快，肉质好，非常适合于肥羔生产。

4. 推广应用　是世界上公认的肉用山羊品种，有"肉羊之父"

美称,已被新西兰、澳大利亚、德国、美国、加拿大及非洲许多国家引进。我国自1995年从南非引进首批波尔山羊以来,通过纯繁扩群等措施,已经逐步扩展至全国各地,显示出广泛的适应性、良好的肉用特征以及显著的杂交优势和较高的经济价值。

(二)努比亚山羊

1. 产地与形成历史 是一种肉、乳、皮兼用型山羊,原产于苏丹、埃及及其邻近国家。欧美各国饲养的努比亚山羊,是用本地母山羊与从非洲引入的努比亚公山羊进行杂交培育而成的。我国引入的努比亚山羊则多从英国、澳大利亚、美国等国引入。

2. 体型外貌 努比亚山羊具有"贵族"气质,公羊、母羊均无须无角,体格较大,面部轮廓清晰,外表清秀,鼻骨隆起,属于典型的"罗马鼻"。长宽的耳朵紧贴头部且下垂;颈部较长,体躯较短,呈圆筒状,前胸肌肉较丰满。毛短细,色较杂,有纯白毛色,但更多的是带白斑的红色、暗红色和黑色。

3. 生产性能 成年母羊平均体重61.23千克,成年公羊平均体重79.38千克。母羊乳房较大,发育良好。一般为5~6个月的泌乳期,盛产期日产奶2~3千克,产奶量在300~800千克,有比较高的乳脂率,可以达到4%~7%。努比亚山羊泌乳性能好,产肉能力较强,繁殖率高,一年可产两胎,通常每胎为2~3羔。

二、国内优良山羊品种

（一）黄淮山羊

1. **产地**　主要产于安徽省和江苏省徐州地区以及河南省的商丘、周口地区。性成熟早、生长发育快、板皮品质优良、四季发情及繁殖率高等是其主要特点。

2. **体型外貌**　该品种分有角和无角两个型，有角者公羊角粗大，母羊角细小，向上向后伸展呈镰刀状；面部微凹，下颌有髯，鼻梁平直；肋骨开张，胸较深；背腰平直，体形呈桶形；母羊乳房呈半圆形，发育良好；被毛粗短，为白色。

3. **生产性能**　成年母羊的平均体重为 26 千克，成年公羊平均体重为 34 千克；9 月龄公羊平均体重为 22 千克，9 月龄母羊为 16 千克。羯羊 7～10 月龄的宰前平均体重为 21.9 千克，平均屠宰率为

49.7%，宰前平均胴体重为 10.9 千克；宰前成年羯羊平均体重为 26.3 千克，屠宰率45.7%。

性成熟早，母羔一般 4～5 月龄就可以发情配种，常年发情，部分母羊两年三产或一年两产；230% 左右的产羔率。产区习惯于当年生羔羊当年屠宰，肉质细嫩，膻味小。黄淮山羊板皮的质量好，种质特性较好，是主要出口物资。今后为了推行当年羔羊当年屠宰，需要继续加强选育和饲养管理工作，将产肉性能提高。

（二）南江黄羊

1. 产地与形成历史 是我国产肉性能较好的山羊品种之一，四川省南江县是该品种的原产地。自 1954 年起，用当地母山羊及引入的金堂黑母羊与含努比羊和含四川铜羊基因的杂种公羊进行多品种复杂育成杂交，并采用限值留种继代、综合指数法、性状对比观测、品系繁育及结合分段选择培育等育种手段，于 1995 年育成。目前，农业部已经将其正式批准命名。体格大，生长发育快，四季发情；繁殖力强，泌乳力好，抗病力强，采食性好，耐粗饲，适应能力强，产肉力高、板皮品质好等都是该品种的主要特性。

2. 体型外貌 羊头大小适中，鼻梁微拱，耳大且长；公羊、母羊分为无角与有角两种类型，其中无角者占 38.5%，有角者占 61.5%；母羊颈细长，公羊颈粗短，颈肩结合良好；前胸深广，背腰平直，尻部略斜；整个体躯略呈椭圆形，蹄质结实，四肢粗长，呈黑黄色；颜面毛色黄黑，鼻梁两侧有一对黄白色条纹，被毛呈黄褐色；从头顶沿背脊至尾根有一条黑色毛带，宽窄不等，公羊颈下、前胸的毛较长，为黑黄色，有黑色较长粗毛在四肢上端着生。

3. 生产性能 6 月龄公羔平均体重 16～21 千克，6 月龄母羔为 15～19 千克；周岁公羊平均体重为 32～38 千克，周岁母羊为 28 千克；成年母羊平均体重为 38～45 千克，成年公羊为 57～58 千克；屠宰前的 6 月龄羔平均体重为 21 千克，屠宰率 45.1%，胴体重为 9.6 千克，净肉率 29.6%；屠宰前的 8 月龄羔体重为 23.8 千克，屠宰率 47.9%，胴体重为 12.4 千克，净肉率 35.7%；10 月龄

时平均体重可达 27.5 千克,屠宰的最好时期是 10 月龄羔,此时肌肉中粗蛋白质含量为 20.5% 左右,肉质细嫩且膻味轻。

性成熟早,初情期表现在 3 月龄就会有,但最佳的配种时期为母羊 6 ~ 8 月龄、公羊 12 ~ 18 月龄;大群有 190% 左右的平均产羔率,其中经产母羊为 205%。

该品种羊板皮质地良好,抗张强度高,延伸率大且细致结实,6 ~ 12 月龄的皮张更佳,富有弹性、厚薄均匀,其主要成革性能指标都能接近和达到《山羊板皮正面服革标准》,适宜各类皮件产品的制作。

4. 推广应用 已累积有 3.2 万只种羊推广向全国的 15 个省(自治区),对改良各地山羊品种有明显效果。

(三)马头山羊

1. 产地 是我国南方山区优良肉用山羊品种,产于湖北省的郧阳、恩施地区和湖南省的常德、黔阳地区,性成熟早,繁殖力高,产肉性能和板皮品质好等是其主要特性。

2. 体型外貌 该品种头大小适中,公羊、母羊均无角,但有退化角痕;耳向前略下垂,下颌有髯,颈下多有两个肉垂;成年公羊颈较粗短,母羊颈较细长,头、颈、肩结合良好;前胸发达,背腰平直,后躯发育良好,尻略斜;四肢端正,蹄质坚实;母羊乳房发育良好;体质结实,结构匀称;全身为白色被毛,毛短贴身,富有光泽,冬季会长有少量绒毛。

3. 生产性能 成年母羊的平均体重为 34 千克,成年公羊的平均体重为 44 千克,羯羊为 47 千克。肉用性能好,在全年放牧的条件下,12 月龄羯羊的平均体重能达 35 千克左右,18 月龄以上可以达到 47 千克,如果补饲适当,可以达 70 千克。性成熟早,5 月龄性成熟，但通常 10 月龄左右为配种的适宜时期；母羊四季均可发情配种，一般两年三产或一年两产，190%～200% 的产羔率。

（四）成都麻羊

1. 产地　是乳肉兼用的地方良种，原产于四川盆地西部的成都平原及其邻近的低山地和丘陵地区。

2. 体型外貌　头中等大，公羊、母羊大多数有角；额宽而微突，两耳侧伸，鼻梁平直；公羊前躯发达，体态雄壮，体形呈长方形；母羊背腰平直，后躯深广，尻部略斜，体形较清秀，略呈楔形。母羊的乳房呈球形，发育良好。

该品种羊为短毛型，单根纤维颜色可分成三段，即毛尖为黑色，中段为棕黄色，下段为黑灰色，各段毛色所占比例和颜色深浅在个体之间及体躯不同部位略有差异，整个毛被有棕黄而带黑麻的感觉，故称"麻羊"。在体躯上异色毛带有两处，一处是沿两侧肩胛经前肢至蹄冠又有一条纯黑色毛带，另一处是从两角基部中点沿颈脊、背线至尾根有一条纯黑色毛带；两条黑色毛带交叉于鬐甲部，构成明显的十字形；另外，从角基部前缘，经内眼角沿鼻梁两侧，至口角各有一条纺锤形浅黄色毛带。

3. 生产性能　周岁母羊平均体重为 23 千克，周岁公羊平均体重 27 千克；成年母羊平均体重为 33 千克，成年公羊平均体重为 43 千克；周岁羯羊胴体重 12 千克。内脏脂肪重 0.89 千克，屠宰率为 49.7%，净肉重约 9.2 千克，净肉率为 75.8%。常年发情，205.9% 的产羔率；5～8 个月的泌乳期，一般情况可以产奶 150～250 千克，乳脂率为 6.47%；乳头层占全皮厚度一半以上，皮板组织致密，网状层纤维粗壮，加工成的皮革弹性好，强度大，质地柔软，耐磨损。

（五）陕南白山羊

1. 产 地　产于陕西省南部的汉中、安康及商洛地区。性早熟，抓膘能力强，产肉率高，肉呈红色、细嫩，板皮幅面大、致密而拉力强等都是该品种的主要特点。

2. 体型外貌　分短毛和长毛两种类型，两种类型的羊中有的有角，有的无角。羊头略宽且清秀，鼻梁平直，额微突，颈宽厚且短，肋骨开张良好，胸部发达，背腰平直而长，腹围大而紧凑，四肢粗壮；大多为白色毛被，有少数是褐色、黑色或杂色。

3. 生产性能　成年母羊的平均体重为 27 千克，成年公羊的平均体重为 33 千克。屠宰前的 6 月龄羯羊平均体重为 22 千克，屠宰率为 45.0%，胴体重为 10 千克；屠宰前的 1.5 岁羯羊

平均体重为 35 千克，屠宰率 50% 左右，胴体重为 18 千克。性成熟早，体重在 10 千克的 4 月龄公羊就会出现性行为且能产生成熟的精子；体重在 8 千克的 3.5 月龄母羊会有初次发情，产羔率平均为 259%。

（六）长江三角洲白山羊

1. 产 地　是我国唯一生产优质笔料毛的山羊品种，原产地是我国东海之滨的长江三角洲。

2. 体型外貌　该羊公羊、母羊均有角，角形大多向后上方倾斜呈"八"字形，公羊角粗，母羊角细短；头呈三角形，面微凹；公羊、母羊颌下有髯，公羊额部有绺毛；体格中等偏小，背腰平直，前躯较窄，后躯丰满；全身毛被短而直，白色，公羊颈、肩胛前缘

和背部的毛比较长，富有光泽，绒毛较少。

3. 生产性能 初生公羔平均重为 1.2 千克，初生母羔平均重为 1.1 千克；成年公羊、母羊平均体重为 29 千克和 18 千克，羯羊平均体重为 17 千克。羊毛挺直有锋，弹性好，洁白且有光泽，是制毛笔的优良原料。该羊肉质细嫩，膻味小，脂肪分布均匀。其产地群众多喜欢吃山羊肉，通常多数都会连皮吃，成年羊连皮屠宰率平均为 45.9%，1 岁羊平均为 48.6%。

性早熟，体重为 12 ~ 13 千克的 6 ~ 8 月龄母羊可以开始初配，体重在 15 千克以上的 8 ~ 10 月龄公羊可以初配。母羊发情大多在春、秋两季，145 ~ 158 天的妊娠期，大多母羊都两年三产。一般头胎可产羔 1 ~ 2 只，2 胎以上每胎产羔 2 ~ 3 只，多的能产 4 ~ 5 只，产羔率 228% 左右。

三、特色山羊品种

随着生活水平的提高，人们已经开始不再只注重吃羊肉的量，而更多的是偏向追求羊肉品质。因此，更多的人开始喜欢选择具有滋阴壮阳、补虚强体、提高人体免疫力、延年益寿和美容之功效的黑山羊肉，特别是因为黑山羊肉对年老体弱、多病患者有明显的滋补作用，因此老幼皆宜。

目前，黑山羊的肉价格在羊肉市场上独占鳌头。下面介绍几种适合规模化养殖的黑山羊品种。

（一）雷州黑山羊

1. 产地　是我国热带地区以产肉为主的优良地方山羊品种，原产地为广东省雷州半岛，目前在海南省也有分布。成熟早，生长发育快，肉质和板皮品质好，繁殖率高等是该品种的主要特性。

2. 体型外貌　该山羊公羊、母羊均有角，头直，额稍凸，颈细长，颈前与头部相接处较狭，颈后与胸部相连处逐渐增大，鬐甲稍隆起；背腰平直，胸稍窄，腹大而下垂，体质结实，臀部多为短狭而倾斜，十字部高；母羊的乳房呈球形，发育较好；大多是黑色的被毛，褐黑色的角、蹄，少数为麻色及褐色，背线、尾及四肢前端多为黑黄色。

3. 生产性能　周岁母羊的平均体重为 29 千克，周岁公羊平均体重32 千克；2 岁母羊平均体重为 43 千克，2 岁公羊平均体重 50 千克。屠宰率一般在 50% 左右，肉质优良，脂肪分布均匀，肥育羯羊无膻味。

性早熟，通常 3~6 月龄就可达性成熟，5~8 月龄的母羊可以配种，1 岁时即可产羔；10~11 月龄是公羊的配种年龄。多数都是一年两产，少数两年三产，一般每产都是 1~2 羔，多的能一产 5 羔，产羔率为 150%~200%。

（二）建昌黑山羊

1. 产地　该品种是最早被列入中国畜禽品种志的皮肉兼用地方山羊品种之一，原产地为四川省凉山彝族自治州。

2. 体型外貌　公羊角粗大，呈镰刀状并略向外侧扭转，母羊角较小，多向上方弯曲并向外侧扭转。头中等大小，呈三角形，两眼有神，两耳向侧上方平伸，鼻梁平直，体躯匀称紧凑，前低后高，略呈长方形，四肢健壮有力，骨骼坚实。适宜放牧饲养，动作灵活，全身被毛着生良好，有长毛型和短毛型之分。大多数为黑色毛色，富有光泽。

3. 生产性能　初生公羔平均体重为 2.2 千克，初生母羔为 1.9千克；在放牧条件下，周岁公羊平均体重 25 千克，周岁母羊平均体重 22 千克；成年母羊平均体重为 28 千克，成年公羊平均体重为 30千克。8～12 月龄的肉羊在完全放牧状态下，可达到 45% 左右的屠宰率，净肉率约 32%。肉质特别细嫩，鲜食最好，肌肉脂肪含量适度，是制作烤全羊的上等材料。

性早熟，4～5 月龄的母羊会出现初次发情，开始配种可以在7～8 月龄。7～8 月龄公羊已经性成熟，正式配种为 1～1.5 岁。母羊有 15～20 天的发情周期，发情持续期 24～72 小时，150 天左右的妊娠期。母羊四季均可发情，通常多数集中于春秋两季。在饲养管理和选种选配条件都不同的情况下，产羔情况也就不同。据测定，舍饲等饲养条件下的母羊，年均产羔 2.1 胎，每胎平均单羔率21.0%，双羔率 64.8%，三羔率 13.4%，四羔率 0.8%。

（三）大青羊

1. 产地　又叫黎城大青羊，最初主要分布于太行山东南山麓黎城附近各县。后被山西省各县先后引入，与当地羊杂交，产生了较好的社会效益和经济效益。

2. 体型外貌　该品种公羊、母羊都有角和下颌须，公羊的角呈螺旋形向外伸展；母羊角小，向后上方呈捻曲伸出，有拐角、并角、交叉角等几种角型；面部清秀，眼大有神，两耳向左右平伸，额宽，额前有一绺长毛；体格大，结构匀称，体质结实，背腰平直，前胸宽厚，肋骨开张良好，臀部丰满。尾小而瘦，尾尖上翘。蹄质坚实，四肢粗壮，姿势雄健，行动敏捷，善于登山远牧。被毛多呈青色、雪青色，长而光滑，外层毛长且粗硬，富有光泽；内层绒毛细长，呈紫色，有弹性。

3. 生产性能 大青羊初生公羔平均重 2.5 千克，初生母羔平均重约 2.3 千克；3 月龄断奶公羔平均重 17.53 千克，3 月龄母羔平均重 15.14 千克；成年公羊在秋季膘肥体壮时的体重可超过 60 千克，成年母羊约为 45 千克。周岁

公羊的屠宰率为 46%，周岁母羊的屠宰率为 44%，公羊、母羊的净肉率分别为 34% 和 32%。

公羊、母羊的性成熟年龄均在 4~5 月龄，1~1.5 岁为初配年龄，18~21 天的发情周期，发情持续期 36~48 小时，10 月下旬至 11 月中旬为发情旺季，下年 3 月下旬至 4 月中旬可产羔，一般妊娠期需要 147~150 天，产羔率为 110%。大青羊的板皮弹性良好，强度大，质地致密，是优质的皮革原料。

（四）海南东山羊

1. 产地 该品种是在海南特殊的社会经济和自然地理条件下形成的一个地方优良肉用品种。我国南方气候比较温暖的地方适合它的饲养，尤其在长江以南地区饲养为宜。

2. 体型外貌 公羊、母羊都有角，有胡须，颈部细长，通体呈黑色，毛色短而发亮，体质比较结实。

3. 生产性能　在体形外貌方面，它在山羊当中属于体形比较大的一种，成年体重可达 40 ~ 50 千克。性早熟，通常 3 ~ 6 月龄就已经性成熟，5 ~ 8 月龄的母羊可进行配种，10 ~ 11 月龄的公羊可以开始利用。母羊一般都一年两产，产羔率为 150% ~ 200%。可以舍饲，也可以适应放牧。据检测证明，该品种母羊羊胎素含量非常高，是提取羊胎素的最佳原料。

黑山羊在我国地方品种资源中的种类较多，若要进行黑山羊特色羊肉生产就需要进一步加强对优良黑山羊品系的本品种选育工作，培育出专门肉用的高繁品系，以适应市场对特色羊肉的需要。

第三章
养羊的场舍与设施

通常，按照性质和任务不同，可将羊场分为种羊繁育场、商品性生产羊场、育种及科研试验场和多用途综合性羊场等。要根据当地生态环境、社会经济条件、品种类型、饲养管理技术水平和经营管理方式等多种因素来决定羊场的建设与设备配置。因此，在建设羊场时，养羊生产者要本着经济实用而又技术先进的原则，因地制宜，对不同用途的羊舍建筑进行综合设计，配备必要的设施与器具。

第一节 羊场场址选择与布局 ≫

一、场址选择

（一）地势应高燥向阳

因为羊喜干燥温暖的环境，一旦饲养环境过于潮湿，容易对羊只的繁殖机能、生长发育、机体健康以及产品质量等产生不利的影响，因此，应在地势较高、南坡向阳、排水良好和通风干燥的地方选建羊场。切忌在山洪水道、低洼涝地、冬季风口处建场。

（二）保证草料水供给

应充分考虑草料水的供给和放牧条件，这是发展养羊生产与当地生态环境和生产系统相适应的基础。例如，受季节性生态变化的影响，在我国的北方牧区和农牧结合区，需要有足够的打草场和四季牧场；南方有大面积人工草场的地区和草山草坡地区，要安排合理的轮牧草场。以舍饲为主的集中肥育肉羊产区、垦区及农区，应保证饲草料的来源或建有充足的饲草料生产基地。切忌在水源不足或受到严重污染的地方建场，以泉水和深井水作为肉羊的饮水最好。

（三）要适应生产用途的特殊需要

集中肥育羊场或种羊场，宜建在气候温和、饲草料资源丰富、地势较为平坦及具备屠宰加工条件的地区。北方垦区的羊场宜选建在垦区中心地带，因为这一地区羊群多以补饲农副产品和农田茬子地放牧为主；而平原农区的羊场则宜建在林带附近，既防止热天烈日曝晒又有利于采食树叶；高寒山区及草原地区羊场的建设，要尽量避开灾害性风沙冰雪的侵袭。因为目前我国南方饲养山羊多于绵羊，属于正在发展的养羊新区，为了防止潮湿气候所造成的各种不利影响，尤其是腐蹄病和寄生虫的危害，应选在低山丘陵区或中高山区建场。

（四）交通与通讯便利

从有利于商业性生产活动的角度看，羊场距离公路、铁路等交通干道应较近，以保证交通运输的便利；但从羊场防疫的角度考虑，应注意与附近单位、居民点和其他畜群保持一定距离。同时，随着科学技术的进步与国民经济的发展，新技术与新机具的应用越来

广，国内外合作也越来越多，所以良好的通讯条件和充足的能源供应显得越来越重要。

（五）要全面考虑发展计划

为了便于确定生产方向和扩大生产规模，羊场的选址既要与养羊业发展总体趋势和生态环境相适应，又要与当地畜牧业发展规划特别是畜禽品种区划相一致。因此，羊场应在主要发展品种的中心产区选建，以利于就近组织生产和推广。

二、羊场整体布局的原则

在改造旧房舍为羊场或设计新上羊场时，必须按照既定的总体规划来安排各种羊场建筑与设施，做到规范有序和布局合理。

（一）功能分区要合理

生活区、管理区、生产区和隔离区四部分是规范化的羊场应包括的基本区域。通常，在地势较高的上风头处安排生活区，全场的其他房舍在生活区都能望到是最好的，其中住房和办公室的朝向要利于遮阳（热带地区）或采光（寒冷地区）或避开风沙侵袭，距离场外大道应保持在 40~50 米；一般在地势较低的下风头处设置隔离区，是场内污道的走向，以防止疾病的传播或逆向污染。

（二）有利于提高工作效率

羊舍等建筑物距离生活区应较近，以方便工人上下班步行。羊舍通往草料库、牧地等设施的交通也应以方便为宜，但为了利于防火，还应保持一定距离。

（三）羊舍排列利于生产操作

生产区内建有的各种用途羊舍既要根据羊只的用途符合顺序操作的要求，又要保持适当距离以利于通风、防疫等的需要。例如，羊场的羊舍一般分为种母羊舍、种公羊舍、羔羊和育成羊舍、肥育羊舍等四种。从生产操作角度考虑，种母羊舍与羔羊舍（或产羔舍）要相邻；种公羊舍应离人工授精室近一些，但与种母羊舍最好保持一定距离。

（四）要考虑全场的美观

要适当种植一些花木于生活区，生产区为了既遮阳又美化，可种植一些乔木。要在难看的物件以及粪肥前面种植一些灌木，作为屏风遮掩，或者将其隐蔽起来。房舍、围栏等要经常进行维修，要保持通道、院落、羊栏等的清洁。

第二节　羊舍建造　〉〉〉

圈养羊的羊舍建设与放养羊的羊舍建设有不同的目的。作为供羊群休息睡眠场地的放养羊的羊舍，一般都没有运动场地，因为羊

群在放羊时可以得到足够的运动。而对于圈养就要求应有一定面积的运动场地，否则，生性活泼好动的羊在过小的活动空间里，得不到足够的运动，就容易影响羊群的正常生长，甚至会给羊群带来一系列的疾病。

为此，圈养羊不仅要具备保暖性强、舒适、干燥卫生、通风良好的休息睡眠场所，还要在羊舍外修建一个运动场地，面积应大于羊舍面积 2 ~ 3 倍，以便于羊群进行日光浴和活动，保证羊群的生长和健康需要。同时，在建造羊舍时要综合考虑饲养规模、资金状况、存栏羊只的数量、当地资源条件等，以降低生产成本，真正达到肉羊的高效生产。

一、环境要求

尽量满足羊对温度、湿度、空气质量、光照、地面硬度及导热性等各种环境卫生条件的要求，羊舍的设计应兼顾既有利于冬季防寒，又有利于夏季防暑；既有利于保证地面柔软和保暖，又有利于保持地面干燥的要求。

（一）羊舍温度和湿度

羊舍应保持干燥，地面不能太潮湿，空气相对湿度应低于 70%。产羔舍在冬季的最低温度应保持在 10℃以上，普通羊舍冬季最低温度保持在 0℃以上，夏季舍温以不超过 30℃为宜。

（二）通风与换气

具备良好的通风换气性能是封闭式羊舍的必要条件，以保证能及时将舍内污浊空气排出，保持空气的新鲜。

（三）采光

通常，羊舍的高度、跨度和窗户的大小决定了采光的面积。在气温较高的地区，过大的采光面积不利于避暑降温；而在气温较低的地区，较大的采光面积有利于通过吸收阳光来使舍内温度提高。所以根据采光要求，窗要向阳，窗的面积应占地面面积的 1/15，距地面高 1.5 米以上，防止羊体直接受到贼风的袭击。

（四）长度、跨度

要根据所选择的建筑类型和面积来确定羊舍的长度、跨度和高度。一般情况下，单坡式羊舍跨度为 5 ~ 6 米，双坡单列式羊舍跨度为 6 ~ 8 米，双列式为 10 ~ 12 米；2.4 ~ 3 米为羊舍檐口的适宜高度。

（五）羊舍地面

羊舍的地面比舍外地面高出 20 ~ 30 厘米为宜，且为了利于排水，要铺成缓坡形。通常以土、砖或石块铺垫羊舍的地面，饲料间地面可用水泥或木板铺设。

二、羊舍要求

按照工厂化生产模式，不同年龄、品种、性别、体况的羊在圈舍养羊技术下要进行分舍、分栏饲养。

（一）成年羊舍

成年羊舍多为对头双列式，中间带有走廊。设计面积时，一般按照成年母羊每只面积为 0.8 平方米设计，成年种公羊每只面积 4 ~

6 平方米，哺乳母羊每只按面积 2 平方米设计。

（二）产房

产房的大小要根据羊群大小和成年母羊的只数来确定，通常都设在成年母羊舍的一头。如果按 100 只母羊计，产房面积最低不能少于 30 平方米。要在产房内设产羔栏，其数量是母羊数量的 1/10，还要设置双羔栏和单羔栏。双羔栏每栏为 2.2 平方米，单羔栏每栏为 1~1.2 平方米。

（三）青年羊舍

断奶后至分娩前的羊在青年羊舍内饲养。这种羊舍在生产上没有特殊的要求，所以通常设备简单，可采用单列式，舍内设置与母羊相同的颈枷。青年羊舍每只按面积 0.6~0.7 平方米设计。

三、羊舍结构要求

依据养羊的不同方式，来确定羊舍的类型，通常按屋顶可分为单坡式、双坡式和拱形等；根据通风情况分为敞开式、半敞开式和密闭式；按平面分为直角形、长方形和半口形等。

（一）长方形羊舍

这种形状的羊舍在我国被普遍采用。羊舍呈长方形，屋顶中央有脊，两侧有陡坡（两出水），又称为双坡式。以砖、石、土坯结构筑成墙壁，在南墙上设置门，通常门宽 2~3 米（双扇门最好），北墙和南墙都设有窗，南墙上的窗子数量多，面积大，北墙设一两个小窗口即可。

这种羊舍，冬天向阳、背风，比较暖和；夏季能透光、通风，比较凉爽，对羊的健康生长比较有利。如果羊场以舍饲为主，羊只多在运动场和舍内活动，舍内要有固定的草架、饲槽、饮水槽。如果是双列对尾式羊舍，则走道、饲槽等应靠两侧窗户；若羊舍为双列对头式，则中间为走道，走道两侧修建固定式饲槽。

（二）棚舍结合羊舍

可将这种羊舍大致分成两种形式，一种是利用原有羊舍的一侧墙体，修成前面敞开、三面有墙的羊舍棚，平时只在棚里过夜，到冬春产羔期再进入羊舍。另一种是向阳通风面为 1.0 ~ 1.2 米高的矮墙，矮墙上部敞开，其余三面有墙，外面作为运动场的羊棚。

（三）楼式羊台

这是楼式结构的羊舍，楼台离地面为 1.8 ~ 2 米高，楼板大多用竹条或木条铺设，有 1 ~ 1.5 厘米的间隙。木条必须宽窄、厚薄均匀、面平、结实，如果用竹片应将竹节修平。楼式羊舍适于温暖潮湿的气候特点，其优点是通风好，干燥清洁，羊只与粪便接触不到，有效避免了寄生虫的相互感染，也使羊只的发病率得到减少。造价高，投资大是这种羊舍的缺点。为了经济一些，最好将楼式羊舍靠山修建或利用废旧房屋改建。

（四）农膜暖棚式羊舍

北方寒冷地区适合用这种羊舍。用有三面墙的敞棚圈舍做基础，在距离棚前房檐的 2 ~ 3 米的地方建一个矮墙，高 1.2 米左右。矮墙中间留一个舍门，宽 2 米左右，在棚檐与矮墙顶端之间支撑上木杆，再将农膜覆盖到上面，并用木条进行固定，为了防止透风，可用泥

土将农膜与棚檐和矮墙的连接处压紧。也可用两层薄膜覆盖，用木杆将底下的一层薄膜撑起展平，用竹片在上面支成一个中室，成拱形构造，约50厘米的拱高，利用中空层形成保温层。

用门帘遮挡舍门，要留一可关可开的进气孔在墙上，东西两墙都要有，位置约在距地面1.5米处，在棚顶最高处也留两个可调节排气窗，大小与进气孔孔径相当。在气温降至0～5℃时，这种暖棚的棚内温度能比棚外的温度高5～10℃；气温降至-20～-30℃时，棚内温度能比棚外温度高20℃左右。

它利用了白天太阳能的蓄积和畜体自身散发热量的原理，达到了保温防寒的目的。在暖棚舍养羊，要根据舍内的温度对进气孔和排气窗进行随时调节。要在羊出棚前将进气孔、排气窗和圈门打开，以使舍温逐渐降低，当舍内外气温大体一致时，再让羊出棚，否则舍内外温差过大，容易引起羊只的风寒。由于农膜容易被损坏，要注意时常观察修补，及时清除舍内的粪便，勤垫干土，以保持舍内的干燥清洁。

（五）简易羊舍

舍墙用泥土筑成或石块砌成，围墙用土石筑成，三面有墙，一面敞开；或四周用泥土筑墙，舍顶用茅草或其他避雨物覆盖，筑1.2～1.5米的半墙于向阳面，上面敞开。这种羊舍的优点是建筑简便，结构简单，投资较少，经济实用。光线充足，夏季空气流通良好，舍内凉爽。缺点是易受风雨侵袭，坚固性差，冬季较寒冷。

（六）山区、高原区在土崖处挖窑洞

这种羊舍冬暖夏凉。

（七）农家羊舍

可在夏秋季用铁丝网、木条、木棍等围成一个圈，只要羊钻不出来即可，圈内建一个能遮雨的上盖，冬春季再建一个能遮雪、四周不透风的简易小羊舍；也可利用空猪圈、旧屋等改建而成。这种羊舍适合于规模较小的饲养。

四、建造要求

（一）地基

土地干燥、坚实，可利用天然的地基。如果是疏松的黏土，需用砖或石块将地基砌好并高出地面，地基80～100厘米深。墙壁与地基之间最好要有绝缘防潮的油毡层。

（二）建筑材料

羊舍建筑材料要就地取材、经济实用，但要保证羊舍坚固耐用，使用寿命长。砖瓦、木材、石头、土坯、树枝和芦苇等都可以作为建筑羊舍的材料。规模较大的羊场和有条件的地方，可建造坚固的永久性的羊舍。

为了防雨水冲刷，用土坯建造的羊舍，应先用砖石垒砌1米高左右的墙基。建舍要量力而行，固定资产投资应尽量压缩，不能盲目建造高标准的羊舍，以避免造成不必要的浪费或投资过大。不同气候条件下的羊舍应考虑其抗灾能力，以减少羊舍被破坏或不适宜

所带来的损失。例如，北方气温低的地区，羊舍墙壁应适当加厚；多风沙的地区要在舍门窗上加盖板；盐碱度大的地区应特别注意墙基的防腐性应特别注意；夏季高温强日照辐射区，应设置遮阳物于运动场上方。

（三）墙体

墙体一般多采用土、砖和石等材料，对畜舍的隔热与保温起着重要作用。近年来建筑材料科学发展很快，各类畜舍建筑中已经使用了许多新型建筑材料，如金属铝板、钢构件和隔热材料等。畜舍使用这些材料，不仅性能好，外形美观，而且造价与传统的砖瓦结构建筑相比并没有高多少，这是大型集约化羊场建筑的发展方向。

（四）地面

地面是羊采食、运动与排泄的地方，根据建筑材料的不同，分为土、砖、水泥和木质地面等。羊舍地面应高出舍外地面20～30厘米。羊舍地面以砂壤土最好，并向外倾斜成一定坡度。

1. 土质地面　属于暖地面（软地面）类型。根据建筑的不同可以分为三合土（石灰、碎石、黏土的比例为1∶2∶4）地面和沙土地面。三合土地面比黏土地面好；沙土地面成本低，易于去表换新，但不便消毒，易潮湿，两者都适合在干燥的地区采用。

2. 砖砌地面　属于冷地面（硬地面）类型。由于砖有较多孔隙，导热性小，所以具一定的保温性能。成年母羊舍有较多粪尿相混的污水，容易对环境造成不良影响，又因为砖面易吸收大量水分，从而使其本身的导热性受到破坏，地面易变硬变冷。吸水后的砖地，经冻后很容易破碎，加之砖面本身容易磨损，所以会形成坑穴，不便于消毒清扫。所以如果用砖砌地面时，宜将砖立砌，不宜平铺。

3. 水泥地面 属于硬地面。其优点是不透水、结实、便于清扫消毒。造价高、地面太硬、导热性强、保温性能差是其主要缺点。可将表面做成麻面，以防止地面湿滑。

4. 漏缝地板 可在集约化饲养的羊舍内用水泥条筑成漏缝地板，水泥条的尺寸为宽6~8厘米、厚3.8厘米，留1.5~2厘米的间距。国外大型羊场和我国南方一些羊场已普遍采用漏缝地板羊舍，羊舍内还需配以污水处理设备，所以造价较高。这类羊舍可隔日抛撒木屑，以有效防潮，同时应将粪便及时清理掉，以免污染舍内空气。

（五）羊床

羊床是羊休息和躺卧的地方，要求干燥、洁净、便于清扫和不残留粪便，可用竹片或木条制作，木条厚3.6厘米、宽3.2厘米，缝隙宽度要比羊蹄的宽度略小，以免羊蹄漏下折断羊腿。羊舍的楼底面或平铺的羊床，要用平整的木条或竹条铺设，条缝间隙一般为1.0~1.5厘米。可根据圈舍面积和羊的数量来确定羊床的大小。

（六）尿粪沟和污水池

为了便于清扫和保持舍内的清洁，尿粪沟应表面光滑且不透水。尿粪沟深15厘米，宽28~30厘米，1：（100~200）的倾斜度为宜。尿粪沟应于舍外污水池相通。污水池容积以羊舍大小和羊的头数多少而定，以能贮满一个月的粪尿为准，距离羊舍6~8米为宜，每月对污水池清除1次。舍内的粪便必须每天清除，运到距羊舍50米远的粪堆上，以保持舍内的清洁。尿粪沟要保持畅通，并用水定期进行冲洗。

排尿沟与地下排出管的衔接部分是降口。为了防止落入粪草将其堵塞，上面应放置铁箅子，铁箅的高度与尿沟相同。在地下排出管口以下，即降口下部，应形成一个深入地下的伸延部，这个延伸部叫做沉淀井，主要用来沉淀粪水中的固形物，以防止固形物堵塞管道。为了阻止粪水池中的臭气经由地下排出管进入舍内，可以在降口中设水封。

（七）屋顶与天棚

羊舍的天棚与屋顶具有保温隔热和防雨水的作用，其材料有陶瓦、石棉瓦、油毡、芦苇、塑料布、麦草等。为使羊舍内保持足够的新鲜空气，避免贼风，可设置通气孔于屋顶，孔上要设有活门，可在必要时关闭。为增加保温性能，寒冷地区的羊舍通常设置天棚。

（八）运动场

必须为舍饲羊场设运动场，通常单列式羊舍排列都是坐北朝南，所以应在羊舍的南面设置运动场；双列式羊舍通常以南北向排列，所以为了利于采光，应在羊舍的东西两侧设置运动场。运动场地面应比羊舍的地面稍低一些，并向外稍有倾斜，以便于排水并保持干燥。

运动场的大小应不小于羊舍的 2 倍，2~2.5 米是运动场围墙的适宜高度，地势应向南呈缓倾斜，以易于排水的砂质土壤为好。要放置固定式水槽或水盆于运动场的中间，以便于羊只饮水，而且要在中间或四周放有移动式饲槽或固定式饲槽。

第三节 羊场主要设施 >>>

一、饲槽和饲草架

饲槽主要是用来饲喂饲料、饲草和青贮饲料，要求能保护饲草料减少浪费和不受污染，主要有移动式、悬挂式、固定式和结合式四种。

（一）移动式饲槽

移动式饲槽大多用木板制作，一般 1.5～2 米长，深 20 厘米左右，下宽 20 厘米，上宽 25 厘米，槽底距地面 5～10 厘米，以适应羊只在地面上啃草的采食习性。可在饲槽两端安装临时性但装拆方便的固定架，以防止羊只踏翻饲槽。各种羊只舍饲喂料都适宜使用此类饲槽。

（二）悬挂式饲槽

把长方形饲槽的两边的木板用高出槽缘约 30 厘米的长条形木板代替，开一个圆孔于木板上端的中心部位，在两孔中间插入一个长圆木棍，再用绳索把圆棍两端扎紧，然后悬挂在羊舍补饲栏的上方。断奶前的羔羊补饲适合使用此类饲槽，以羔羊吃料方便为适宜高度。

（三）固定式饲槽

可用水泥、砖石等砌成，按形状可将固定式饲槽分为长形和圆形两种，适用于以舍饲为主的羊舍。

1. 长形饲槽　一般在羊舍内、运动场上或专门的补饲场内设置长形饲槽，可紧靠四周墙壁或平行排列。一般双列对头式羊舍内，宜在中间走道两侧设置饲槽。而在双列对尾式羊舍内，应将长形饲槽修在前后墙的走道一侧。如果是单列式羊舍，饲槽应修在沿北墙和东西墙根处或靠北墙的走道一侧。饲槽槽底呈半圆形，整体为上宽下窄，深 20 ~ 25 厘米，上口宽约 50 厘米，槽高 40 ~ 50 厘米。

2. 圆形饲槽　一般设在专门的补饲场或运动场内。建造方法是在一个高 40 ~ 50 厘米的圆形或方形支架上铺设一个圆形底盘，直径约 2 米；边缘要比盘底高出约 15 厘米，在离边缘 15 厘米的范围内围一个圆筒，高 40 ~ 50 厘米。靠底盘的圆筒下边每隔 10 厘米左右留一个方孔，方孔高 20 厘米、宽 12 厘米，再在圆筒内装置一个圆锥形光滑隔板，隔板的直径要与圆筒的内径一致。当把料或草加在盘上的圆筒内、隔板上时，就会有草料不断从方孔中滑落到圆盘边缘处的饲槽内。

（四）结合式饲槽

常用的是栅栏式长形槽架，是一种实用方便、结构简单的草料两用饲槽。先用木条、竹条或三角铁、钢筋等加工成长 3 ~ 5 米、宽 0.8 ~ 1.0 厘米的栅栏，栏间保持 6 ~ 8 厘米的距离。

当饲槽为靠墙的固定饲槽时，可固定两个铁钩于紧靠饲槽的上两排，并将栅栏的下横梁挂在两个铁钩上，上横梁与墙呈 35° ~ 40°

角，将两头带钩的两根钢筋挂在上排的两个铁钩上，带钩的钢筋可以同时起到支撑作用。

如果是两侧同时饲喂的固定式长方形饲槽时，可用钢管或三角铁在饲槽两端固定一个平面与饲槽垂直的 T 形架，在与槽底等高的架脚两侧和 T 形架横梁的两端各安一个铁钩，再将两个栅栏呈 60°～70°夹角挂在 T 形架上。上述两种槽架既可补草喂料，又可以随时撤下另用。

二、栅栏

用木板、圆竹、木条、钢筋、铁丝网等加工成长 1.5～3.0 米、高 1.0 米的栅栏或网栏，可用于各种羊只的特殊管理，有助于提高饲养管理水平和劳动生产率。据用途不同可分为四种。

（一）母仔栏

是为隔离羊场母羊产羔或瘦弱羊只而设计的，一般是用铰链将两块栅板连接而成。使用时，可在羊舍角隅将栏呈直角展开，再在墙壁上固定住另外两边，即可围成供一只母羊及其羔羊单独停留用的 1.2 米×1.5 米的母仔间；如将此栅板呈任何角度旋转或呈直线展开，再用上述方法固定，既可用于围成需要的空间，也可用于羊舍隔间。通常以繁殖母羊数的 10%～15% 来确定母仔栏的数量。

（二）羔羊补饲栅

可在羊舍或补饲场，用多个栅栏、栅板或网栏靠墙围成面积足够的围栏，并在栏间插入一个不能进大羊，但可以让羔羊自由进出

采食的栅门。

(三) 分群栏

为提高羊只鉴定、分群、防疫注射、药浴、称重、驱虫等工作的操作效率，通常要在大中型羊场内设置活动分群栏。分群栏是用多个栅栏连接而成，其通道宽度要稍宽于羊体，在栏中羊只只能单行前进但不能回头；视需要决定通道的长度，可设置若干个与通道等宽的活动门于两侧，由这些活动门的开关方向来决定羊只的去向，可在门外用栅栏围成若干个贮羊圈。

(四) 活动围栏

在养羊生产中，许多环节需要把羊临时隔离出来，如配种产羔、抓源补饲等，这时就需要使用活动围栏。活动围栏省时省工，适用范围广，投资小，拆装方便，牢固可靠。活动围栏通常有重叠围栏、折叠围栏和三脚架围栏等几种类型。

三、饮水槽

饮水槽可用镀锌铁皮制成，也可用砖、水泥制成，一般固定在羊舍或运动场上。为了便于清洗水槽，保证饮食卫生，可在其一侧的下部设置排水口。以方便羊饮水为水槽的适宜高度。

四、药浴设备

为了对羊只体外的寄生虫病进行防治，规模化的羊场需要每年

54

给羊群定期进行药浴。没有流动式药浴设备或淋药装置的羊场，应在对人畜水源、环境等不会造成污染的地点修建药浴池或建造小型药浴设施。

（一）大型药浴池

大型药浴池一般用水泥筑成，形状为长方形水沟状。可供羊只较集中的乡村或大型羊场药浴用。

大型药浴池的标准为羊能通过但不能转身，通常为长 10～15 米，底宽 30～60 厘米，上宽 60～80 厘米，池深 1～1.2 米。池的入口一端是陡坡，出口一端用栅栏围成或用砖、石砌成储羊圈，并且在出口一端设置滴流台，可让出浴之后的羊在滴流台上停留片刻，以便让其身上的药液流回池内。要根据羊只数量来确定储羊圈和滴流台的大小，但地面要修成水泥地。

（二）小型药浴槽

小型药浴槽的药浴液量为 1400 升，能同时对 2 只成年羊（小羊 3～4 只）进行药浴，并可通过开闭门来对入浴的时间进行调节。一般 30～40 只羊的小型羊场适合使用小型药浴槽。

（三）帆布药浴池

有的农户羊数较少，可以建一个临时的简易药浴池，先挖一个深 1 米，宽 0.7 米，长 10 米左右的梯形沟，沟的两端呈斜坡状，然后将帆布铺在上面，沟的四周保持不漏水即可；在药浴的出口处的地面也铺上帆布，以便出浴后的羊身上的药液能流回到池中。药浴时要适当进行人工辅助，将羊逐只放入池中，然后把出浴后的羊拦

在出口处停留一段时间，以免造成药液浪费。这种设施轻便、体积小，可以循环使用。

五、人工授精室及胚胎移植室

大、中型羊场有较多的受配母羊，为使优秀种公羊得以充分利用，发情母羊适时配种，需要建造人工授精室。

人工授精室应设有精液检查室、采精室和输精室。明亮、保温是对人工授精室的基本要求，要求采精和输精室的温度在20℃左右，精液检查室的温度在25℃左右。要保证输精室的面积足够大，应不少于1∶15的采光系数。为提高棚舍利用率，节约投资，也可以在保证对产羔母羊及羔羊正常活动造不成影响的情况下，利用一部分产羔室增设一个人工输精室即可。

六、饲料库

以舍饲为主的羊场或规模较大的羊场，应建有调料库及饲料库，要保持室内的良好通风、干燥、清洁，要注意防止饲料在夏季潮湿霉变。库房四周应设排水沟，墙壁及地面要平整，建筑形式可以是半敞开式、棚式或封闭式。建筑材料可因地制宜，就地取材。

七、堆草圈

为贮备农作物秸秆或干草，供羊冬春季补饲，应在羊舍周围设置堆草圈。堆草圈用土坯或砖砌成，或用网栏、栅栏围成，将遮挡雨雪的材料盖在上面即可。应在地势较高处设置堆草圈，或在地面垫一定高度的砖或土，为了便于防潮，堆草圈周围要设置排水沟。

八、剪毛机械

按绵羊剪毛机的动力，可将其分为 3 种类型。

（一）机械式剪毛机

该种机器由拖拉机或汽油机输出动力，通过带动装置将一定数量的剪毛机带动。该机组具有操作方便，结构简单，成本低，重量轻的特点，适于交通不便、缺少电源的牧区和山区使用。

（二）电动式剪毛机

机组由发电机、发动机和一定数量的剪毛机组成，可分为柄内驱动剪毛机（与软轴式电动剪毛机比较，具有结构紧凑、重量轻、噪声小、功耗低、使用方便、安全可靠、投资少的优点，已广泛应用）和软轴式电动剪毛机（于没有固定电源的农牧区的地区使用）。

（三）气动式剪毛机

该机具有振动小、润滑好、噪声小、工作安全、使用灵活的优点。

九、磅秤及羊笼

为了及时掌握饲养效果，定期对羊只进行称重，羊场应设置小型地秤，并在磅秤上装置钢筋制或木制的长方形羊笼。一般的羊笼规格为宽0.6米，高1.0米左右，长1.4米，有活动门安置在两端，供羊只进出。可用栅栏设置一个连接羊圈的狭长通道，或直接把带羊笼的磅秤安放在分群栏的通道入口处，以减少抓羊的时间。

第四章

肉羊的营养需要与日粮配制

一、消化器官的特点

肉羊的胃分为四个室，即瘤胃、网胃、瓣胃和皱胃，前三个室统称前胃，胃壁黏膜无胃腺，犹如单胃的无腺区；皱胃称真胃，其功能与单胃动物相同，胃壁黏膜有腺体。在四个胃中，容积最大的是瘤胃，羊能在较短时间内采食大量牧草，在没有经过充分咀嚼的情况下就可以咽下，将之贮藏在瘤胃内，待休息时进行反刍。从消化用途讲，瘤胃和网胃的用途基本相似，除进行机械作用外，里面还有大量的微生物活动，可以帮助食物分解消化。瓣胃黏膜形成新月状的瓣页，对食物起机械压榨作用。胃液由皱胃黏膜的腺体分泌，主要是胃蛋白酶和盐酸，对食物进行化学性消化。

细长曲折的小肠，大约长 25 米，相当于体长的 25 倍左右。小肠内的各种消化液（胰液和肠液等）对进入小肠后的胃内容物进行化学性消化，然后将分解出的营养物质吸收。余下的食物没有被消化吸收，就会通过小肠的不断蠕动进入大肠。大肠的长度比小肠短，约为 8.5 米。大肠主要是吸收水分和形成粪便。另外，未被小肠消化吸收的食物进入大肠后，也可在由小肠带入大肠的各种酶和大肠微生物的作用下，继续消化吸收，之后将余下部分排出体外。

二、反刍

是指反刍草食动物在食物消化前把食团吐出，经过再咀嚼和再咽下的活动。饲料刺激网胃、瘤胃前庭和食管的黏膜，反射性引起逆呕是反刍的原理机制。这是羊的重要消化生理特点，一旦停止反刍，往往就是疾病的征兆，如果不反刍会引起瘤胃鼓气，也即气胀。出生

40天左右的羔羊就会开始出现反刍行为。为了刺激哺乳期的羔羊前胃的发育，使其提早出现反刍行为，可在早期补饲一些容易消化的植物性饲料。吃草之后的羊，稍微休息后，就会开始反刍。在反刍的过程中还能随时再转入吃草。少数羊会站立反刍，多数的反刍姿势是侧卧式。采食牧草的时间与反刍时间的比值为 $1:0.5 \sim 1:1$。

三、瘤胃微生物的作用

瘤胃环境对微生物的栖息繁殖非常适合。每毫升瘤胃的内容物有1000亿~10000亿个细菌，100万~1000万个原虫。瘤胃是一个复杂的生态系统，反刍家畜能将摄取的大量草料转化为畜产品，主要就是依靠瘤胃内复杂的消化代谢过程。瘤胃内的微生物，对羊食入草料的消化和营养，具有重要的意义。

瘤胃是消化纤维素和碳水化合物的重要器官。碳水化合物被食入后，由于受到瘤胃内多种微生物分泌酶的综合作用，使其分解和发酵，并形成挥发性低级脂肪酸（VFA）如丙酸、乙酸、丁酸等。

瘤胃壁将这些酸吸收，并通过血液循环进行代谢，是提供给羊体的最重要的能量。据测定，羊采食饲草饲料中有55%～95%的碳水化合物、70%～95%的纤维素都是由于瘤胃微生物的发酵作用而被消化的。

瘤胃可同时利用非蛋白（NPN）和植物性蛋白质构成微生物蛋白质。通过瘤胃微生物分泌酶的作用，饲料中的植物性蛋白质分解为氨基酸、肽和氨；将饲料中的非蛋白氮物质（如酰胺、尿素等），也被分解为氨。在充足和具有一定数量的蛋白质条件下，瘤胃微生物可将上述分解产物合成微生物蛋白质（其中，主要成分是细菌蛋白质）。微生物蛋白质含有各种必需氨基酸，其组成稳定，比例合适，具有较高的生物学价值。皱胃和小肠将随着食糜进来的氨基酸作为蛋白质饲料消化掉，因而，植物性蛋白质的营养价值，通过瘤胃微生物作用被提高了。同时，在养羊业中，可利用部分非蛋白氮（尿素、铵盐等）作为补充饲料代替部分植物性蛋白质。瘤胃能合成10种左右羊所必需的氨基酸，这使羊对氨基酸的需要得到了保证。

第二节 肉羊的营养需要 》》

一、营养物质

肉羊所需要的营养物质，如蛋白质、矿物质、维生素、能量和水等，都赖以人类提供。为了经济利用饲草饲料，生产出量多优质的畜产品，就要合理给羊供给其所需的营养物质。营养需要包括生产和维持需要。生产需要包括生长、繁殖、泌乳和产毛等营养需要；维持需要是指为了维持羊的正常生命活动（体重既不增加，也不减少，又不生产）所需要的营养物质。

（一）能量

羊体内部器官的正常，以及羊的日常生命活动和体温的维持等都需要能量的供给。饲粮的能量水平是影响生产力的重要因素之一。能量不足，会导致母羊繁殖率下降，泌乳期缩短，幼龄羊生长缓慢，生产力下降，羊毛的毛纤维直径变细且羊毛生长缓慢等。能量过高，同样对健康和生产不利。因此，要保证羊体健康，提高生产力，降低饲料消耗，合理的能量水平非常重要。

美国全国研究委员会（NRC，1995）确定绵羊每日维持所需的能量（NEn）为 56W0.75×4.1868 千焦（W 为体重）。如成年空怀期

的小尾寒羊，在维持水平饲养时，平均采食的干物质量为756克，采食的代谢能量是7.869兆焦，平均的能量代谢率是85.6%，热增耗占总能进食量的14.36%。

用于组织沉积的能量就是生长能量需要。处于生长发育期的不同品种的绵羊，若空腹重20～50千克，则每千克空腹增重需要的热值为：重型体重羔羊为23.03～31.40兆焦/千克；轻型体重羔羊为12.56～16.75兆焦/千克。计算增重所需要的热值，如果是用在生产上，就需要把空腹重换算为活重。估计活重的换算方法是用空腹重乘以1.195。同品种同活重，公羊每千克增重需要的热值是母羊的0.82倍。

（二）水

水是构成家畜机体一切细胞和组织的必需成分。水在组成畜体的所有化学成分中比例是最高的。动物体平均有55%～60%的水分，年幼动物所含水分在身体中占的比例更大，羊要生存，一天也离不开水，缺水对动物的影响比缺乏任何其他营养都要严重。如果体内失去10%的水分，就会导致代谢严重紊乱；一旦失去的水分在20%～25%及以上时，就会危及羊的生命，由此可见水分对于羊的重要性。水的主要功能是保持体形、调节体温、运输各种营养、帮助消化吸收、散发体内热量、缓解关节摩擦，排除废物，促进新陈代谢等。

（三）蛋白质

蛋白质是动物建造组织和体细胞的基本原料，是修补体组织的必需物质，还可以代替碳水化合物和脂肪的产热作用，以供给机体热能的需要，因此它具有非常重要的营养作用。如果羊的日粮中蛋白质不足，就会对瘤胃的生理效果产生影响，导致羊体生长发育缓慢，产毛量、繁殖率及产乳量均下降；一旦严重缺乏蛋白质，就会使羊只产生消化紊乱，体重下降，贫血和水肿以至抗病力减弱等症状。如果过量饲喂蛋白质，就会将多余的变成低效的能量，很不经济。过

量的高水平的可溶性蛋白和非蛋白氮能造成氨中毒。所以，蛋白质水平的合理很重要。

（四）矿物质

羊正常营养需要多种矿物质。矿物质是羊体细胞、组织、体液和骨骼的重要成分。如果体内矿物质缺乏，会引起肌肉运动、食物消化、神经系统、血液凝固、营养输送和体内酸碱平衡等功能紊乱，对羊的健康、生长发育、繁殖和畜产品产量等产生直接影响，严重的甚至会死亡。绵羊体内的多种矿物元素中，必需的有 15 种，其中微量元素有碘、铁、钼、铜、钴、锰、锌和硒 8 种，常量元素有钠、氯、钙、磷、镁、钾和硫 7 种。

碘（I）参与物质代谢过程，是甲状腺素的成分。如果缺乏碘，就会出现甲状腺肥大，羔羊发育缓慢的现象，缺乏严重甚至会出现无毛症或死亡。可用碘化盐（含 0.1%～0.2%碘化钾）对缺碘的绵羊补饲。碘中毒症状是厌食，发育缓慢和体温下降。

铁（Fe）参与血红素和肌红蛋白的形成，保证机体组织氧的运输。铁与细胞内生物氧化过程密切相关，还是细胞多种氧化酶和色素酶类的成分。缺铁的症状是嗜睡，贫血，生长缓慢，呼吸频率增加。如果铁过量，会出现采食量下降，生长速度慢，饲料转化率低等慢性中毒症状；急性铁中毒的表现为尿少腹泻、体温低、厌食、

代谢性酸中毒、休克，严重时甚至死亡。

铜（Cu）与羊毛生长关系密切。铜在酶的作用下，参与形成有色毛纤维色素。缺铜会引起羔羊贫血、骨骼异常、共济失调以及使毛纤维直，降低毛的弹性、强度、染色亲和力等，同时有色毛色素沉着力也会变差。美国的缺铜地区采用在食盐中加入0.5%比例的硫酸铜。铜中毒症状为黄疸、血红蛋白尿、溶血、肝呈现黑色。

钴（Co）有助于瘤胃微生物合成维生素B_{12}，缺钴会对形成红细胞产生影响。缺钴的绵羊会出现流泪、毛被粗硬、食欲下降、消瘦、贫血、精神不振、产毛量和泌乳量降低、发情次数减少、易流产等症状。在缺钴的地区，牧地可每公顷施用1.5千克的硫酸钴肥。也可将钴添加到食盐中，每100千克含钴量为2.5克，即补饲钴盐。或按钴的需要量投服钴丸。

锰（Mn）对于繁殖和骨骼发育都有作用。缺锰会导致初生羔羊生长发育受阻，骨骼畸形，运动失调，降低繁殖力。

锌（Zn）是多种酶的成分，如胰液中的羧肽酶、红细胞中的碳酸酐酶和胰岛素的成分。公羊睾丸的正常发育和精子形成主要靠锌维持。此外，锌还维持羊毛的正常生长。如果缺锌会出现角化不全症、掉毛、睾丸发育缓慢（或睾丸萎缩）、多畸形精子、母羊繁殖力下降等症状。锌过量会出现采食量下降，羔羊增重降低以及中毒等症状。每千克日粮的含锌量为0.75克，如果妊娠母羊有严重的缺锌表现，会导致流产和死胎增多。

硒（Se）具有抗氧化作用，是谷胱苷肽氧化物酶的主要成分。缺硒的羔羊会出现生长发育受阻、母羊繁殖机能紊乱、多空怀和死胎以及白肌症等。通常对缺硒绵羊常采用的办法是补饲亚硒酸钠，如将硒肥施用于土壤中，口服饲料添加剂，肌肉或皮下注射，还可用铁和硒按20∶1制成含硒的可溶性玻璃球或丸剂。硒过量会导致硒中毒，表现为蹄部溃疡至脱落、掉毛、繁殖力显著下降等症状。如果喂含硒低的日粮，就会使体内的硒被迅速排出体外。

钠（Na）和氯（Cl）在体内对调节酸碱平衡、控制水代谢、维持渗透压等起着重要的作用。钠是制造胆汁的重要原料，氯构成胃液中的盐酸，参与蛋白质消化。因为食盐还有调味作用，所以能对唾液的分泌产生刺激，从而促进淀粉酶的活动。缺乏钠和氯易导致食欲减退，消化不良，异嗜，对饲料中营养物质的利用降低，精神萎靡，身体消瘦，发育受阻，健康恶化等现象。要满足羊对钠和氯的需要，可以在饲料中加入食盐。

钙（Ca）和磷（P）分别约99%、80%存在于羊牙齿和骨骼中。钙、磷关系密切，幼龄羊体内钙与磷的比例为2∶1。血液中的钙有促进血凝和保持细胞膜完整性，抑制肌肉和神经兴奋等作用；磷参与脂类、糖、氨基酸的代谢并能保持血液 pH 的正常。缺钙或磷，会导致骨骼不能正常发育，成年羊出现软化症，幼龄羊出现佝偻病等。如果让绵羊食用钙化物，通常不会出现钙中毒现象。但日粮中如果有过量的钙，则会加速其他元素如镁、铁、碘、锌、磷和锰缺乏。

镁（Mg）是骨骼的组成成分，机体中有60%～70%的镁在骨骼中，同时许多酶也离不开镁。神经系统的正常功能主要靠镁来维持。痉挛是缺镁的典型症状。镁中毒的现象一般不会出现，如果中毒会出现昏睡、运动失调和下痢等症状。

钾（K）主要存在于细胞内液中，影响机体的渗透压和酸碱平衡，对一些酶的活化有促进作用，约占机体干物质的0.3%。缺钾会出现精神不振，采食量下降以及痉挛等症状。绵羊对钾的最大耐受量占日粮干物质的3%。

硫（S）在瘤胃微生物消化过程中，对含硫氨基酸、维生素 B_{12} 的合成有重要作用，它是保证瘤胃微生物最佳生长的重要养分，同

时还是羊毛的重要成分。缺乏硫与缺乏蛋白质的症状相似，都会出现增重减少、食欲减退、毛的生长速度降低以及唾液分泌过多、流泪和脱毛等症状。用硫酸钠补充硫，最大耐受量为日粮的0.4%。呼出的气体有硫化氢气味就是严重的硫中毒症状。

由于各种矿物质在绵羊体内的互作，很难确定每种矿物质的具体需要量，一种矿物质过量或缺乏就会相应地引起其他矿物质过量或缺乏。绵羊对矿物质及微量元素的具体日需要量见表4-1。

表4-1　绵羊对矿物质及微量元素的日需要量

矿物元素	幼龄羊	成年肥育羊	种公羊	种母羊	最大耐受量（每千克干物质）
食盐（克）	9～16	15～20	10～20	9～16	
钙（克）	4.5～9.6	7.8～10.5	9.5～15.6	6～13.5	2%
磷（克）	3～7.2	4.6～6.8	6～11.7	4～8.6	0.6%
镁（克）	0.6～1.1	0.6～1	0.85～1.4	0.5～1.8	0.5%
硫（克）	2.8～5.7	3～6	5.25～9.05	3.5～7.5	0.4%
铁（毫克）	36～75		65～108	48～130	500
铜（毫克）	7.3～13.4		12～21	10～22	25
锌（毫克）	30～58		49～83	34～142	300
钴（毫克）	0.36～0.58		0.6～1	0.43～1.4	10
锰（毫克）	40～75		65～108	53～130	1000
碘（毫克）	0.3～0.4		0.5～0.9	0.4～0.68	50

（五）维生素

羊体必需的维生素分为水溶性维生素（B族维生素和维生素C）和脂溶性维生素（维生素A、维生素D、维生素E、维生素K）。如果维生素不足，会导致机体的代谢紊乱，使羔羊表现出抗病力弱，生长停滞的状况，成年羊则出现繁殖机能紊乱和生产性能下降的情况。除由饲料中获取羊体所需要的维生素外，还能由消化道微生物合成。一般在养羊业中，对维生素A、维生素D、B族维生素和维生素 K 比较重视，具体的需要量见表 4-2。

表 4-2   绵羊对维生素的日需要量

维生素	幼龄羊	成年肥育羊	种公羊	种母羊	最大耐受量 （每千克干物质）
A （×10³ 国际单位）	4 ~ 9	5.7 ~ 8	9.8 ~ 33	5.7 ~ 14	14 ~ 1320
D （×10³ 国际单位）	0.42 ~ 0.7	0.5 ~ 0.76	0.5 ~ 1.02	0.5 ~ 1.15	7.4 ~ 25.8
E （毫克）			51 ~ 84		560 ~ 1500

B 族维生素主要作为细胞酶的辅酶，催化脂肪、碳水化合物和蛋白质代谢中的各种反应。羔羊在瘤胃发育正常以前，瘤胃微生物区系尚未建立，日粮中需添加 B 族维生素；绵羊瘤胃机能正常时，能由微生物合成 B 族维生素满足羊体需要。

维生素 K 分为维生素 K_1、维生素 K_2 和维生素 K_3 三种。维生素 K_1 称为叶绿醌，主要在植物中形成。维生素 K_2 由胃肠道微生物合成。维生素 K_3 是人工合成。维生素 K 的主要作用是催化肝脏中对凝血质和凝血酶原的合成。凝血酶原经凝血质的作用可以转为凝血酶。可溶性的血纤维蛋白原经凝血酶的作用能变为不溶性的血纤维蛋白，而使血液凝固。当维生素 K 不足时，因凝血酶的合成被限制而使血凝差。一般维生素 K 不会缺乏，因为青饲料中富含维生素 K_1，而维生素 K_2 会由瘤胃微生物大量合成。但在生产中，由于饲料间的拮抗作用，如一些杂草和草木樨中含有双季豆素，因为其结构与维生素 K 的化学结构相似，所以能对维生素 K 的利用起到妨碍作用。药物添加剂如抗生素和磺胺类药物，能抑制胃肠道微生物合成维生素，会出现维生素 K 不足，需适当增加维生素 K 的喂量。霉变饲料中的真菌霉素也会对维生素 K 有制约作用。

维生素 A 具有多种生理作用，是一种环状不饱和一元醇，如果不足会出现如生长迟缓、骨骼畸形、繁殖器官退化、夜盲症等多种

症状。绵羊每日对胡萝卜素或维生素 A 的需要量为每千克活重 6.9 毫克 β-胡萝卜素或每千克活重 47 国际单位，在妊娠后期和泌乳期可增至每千克活重 β-胡萝卜素 125 毫克或 85 国际单位。绵羊对维生素 A 的需要主要靠食胡萝卜来满足。

维生素 D 分维生素 D_2 和维生素 D_3 两种，属于类固醇衍生物。其功能为促进钙磷代谢、吸收和成骨作用。维生素 D 缺乏会引起钙和磷的代谢障碍，成年羊出现骨组织疏松症，羔羊出现佝偻病。在阳光下的放牧绵羊，可通过紫外线照射合成并获得充足的维生素 D，但如果是圈养或长时间阴云天气，维生素 D 缺乏症就有可能出现。这时，应给羊喂食经太阳晒制的干草，以适当补充维生素 D。

维生素 E 的化学结构类似酚类的化合物，极易氧化，具有生物学活性，其中以 α-生育酚活性最高，所以又叫抗不育维生素。维生素 E 的主要功能是作为机体的生物催化剂。缺乏维生素 E，会引起公羊精子减少、品质降低、无受精能力、无性机能；母羊的胚胎被吸收或导致流产，甚至死亡等症状。严重缺乏维生素 E 时，还会出现神经和肌肉组织代谢障碍。维生素 E 在新鲜牧草中的含量较高，在贮藏过程中自然干燥的干草的大部分维生素 E 被损失掉了。

二、生毛需要

虽然肉羊的主要产品是肉，但其被毛也同样需要营养：羊毛纤维全部由蛋白质构成，而且其中有较多的角蛋白。硫氨基酸在组成毛纤维蛋白中含量较多，而且大部分的存在形式为胱氨酸，因此必须注意含硫氨基酸及含硫化合物在饲料中的供给。

通常要同时考虑产毛的营养需要与维持需要，而且它与羊的生长、繁殖、泌乳、育肥是并行的，但相对于其他生产需要，其所占比例要小一些。产毛的能量需要包括羊毛所含的能量和合成羊毛消耗的能量。产毛的数量和质量都会受到能量水平的影响，产毛量随着能量水平的提高而增加，毛的直径也会随之变大；如果能量水平低，则相反。

在羊的常用饲料中，羊毛角蛋白中仅有30%含硫氨基酸，而对于含硫氨基酸，羊体的其他组织也同样需要，但羊体内能转化为羊毛蛋白质的蛋白质比例很小，所以在饲料中，适当补充含硫氨基酸，对羊毛的生长可以起到促进作用。据报道，补加1克胱氨酸于绵羊的日粮中，其产毛量可以提高14%。

羊毛的生长和羊皮肤健康情况受维生素 A 的影响非常多，所以对产毛有明显的影响。丰富的胡萝卜素可以从大量的青草中获得，所以夏秋季一般不会出现缺乏症状，而冬春季应适当补充。另外，生物素、泛酸、烟酸维生素 B_2 也会对皮肤的健康产生影响，从而影响毛的生长，但上述物质可以由瘤胃微生物合成，所以一般不容易缺乏，只需要注意羔羊的供给即可。

第三节　不同类型羊的营养需要 》》

一、种公羊的营养需要

保持健康体况，旺盛的性欲和配种能力，产生正常的精子是对

种公羊饲养的基本要求。因此应根据配种、采精的任务和种公羊的体况给予合理的营养。种公羊在一年中处于两种不同的生理阶段，即非配种期和配种期。

公羊的平均射精量为1毫升（0.7～2毫升），必须保证日粮中真蛋白质占有较大比例，因为每毫升精液所消耗的营养物质约相当于50克可消化蛋白质。通常对没有太多配种任务的种公羊，在维持其基础的能量需要上再增加20%左右，蛋白质要比维持需要提高60%～70%，当配种量或采精量大或公羊体质较差时，蛋白质水平就必须提高。

钙、磷对公羊精液的影响也比较大，日粮中含有0.75%的钙，钙磷比例（1.5～2）∶1即可满足需要。如果缺乏维生素A，就会导致公羊的性欲不强，精液品质下降，维生素D可对钙、磷的吸收产生影响。维生素E会对精子的形成产生影响。缺乏B族维生素时，则会出现公羊性欲减退，睾丸萎缩等症状，维生素C对保证公羊的正常机能也非常重要。

二、母羊的营养需要

更多、更快地繁殖羔羊是母羊的主要任务。母羊的繁殖包括发情、排卵、受精与妊娠等过程。母羊的繁育机能直接受到口粮中的营养水平的影响。

（一）空怀母羊的营养需要

要保证妊娠前的母羊身体健康，正常排卵，按期发情，这样才能确保高受胎率。如果日粮中的营养水平比较低，就会导致羊的膘情差，继而出现发情排卵不正常的现象，即使受精，也会引起胎儿被吸收或流产。如果长期使母羊口粮中的能量过量，则容易引起肥胖，以致卵巢被脂肪浸润，不能正常产生卵泡和排卵，甚至引起不育或利用年限缩短，而且还会造成饲料的浪费。一般空怀母羊（包括后备羊和经产羊）保持 7～8 成膘为宜。

（二）妊娠前期的营养需要

怀孕的前 3 个月为妊娠前期，这一时期也是胎儿生长发育最快速的时期，会完成胎儿大部分的组织、器官的分化和形成；但这一时期胎儿的增重不多，仅为出生时体重的 10%～20%。在这一阶段，为了满足胎儿生长发育的营养需要，必须提供一定数量的优质蛋白质、矿物质和维生素，但对日粮的营养水平要求不高。对于舍饲羊，要在这一时期补饲一定量的优质精料。从母羊体内能量沉积和代谢变化看，能量需要会随着妊娠期的延长而增加。同时，随着妊娠的延长，妊娠母羊对蛋白质的需要也相应增加。其需要包括瘤胃非降解蛋白和降解蛋白两部分的需要。

（三）妊娠后期的营养需要

怀孕的最后 2 个月是妊娠后期，这一时期母羊自身和胎儿的体重都会加快增重。母羊开始为哺乳期储备营养物质。胎儿纯蛋白质的 80% 贮积在这一时期完成。母羊增重的 60%，胚胎增重的 80%～90% 都会在这一时期完成。母体与胎儿共增重达 7～8 千克，双羔可增重 15～20 千克。母羊腹腔随着胎儿的生长发育而逐渐减少容积，使采食量受到限制；草料水分含量过高或容积过大，都无法满足母羊对干物质的要求，所以这一时期应给母羊补饲一定的优质青干草或混合精料。妊娠后期母羊的热能代谢要比初期高 15%～20%，对矿物质、蛋白质以及维生素的需要量明显增加。体重为 50 千克的成

年卧羊，日可消化 90～120 克的蛋白质、4 克磷、8.8 克钙，钙、磷比例为（2～2.5）：1。

（四）泌乳期的需要

泌乳羊的营养需要包括产乳和维持两部分。根据泌乳量、乳成分含量来确定产乳需要，哺乳期的泌乳量可以根据出生羔羊 20～25 天哺乳期的日增重来计算，每增重 100 克，就需 500 克的母羊乳。而母羊生产 500 克的乳，就需要 33 克的可消化蛋白质，1.2 克磷，1.8 克的钙，0.3 千克的饲料单位。羊乳较其他动物的乳更浓，主要成分为脂肪 10.4%，乳糖 3.7%，蛋白质 6.8%，钙 0.18%，磷 0.13%，氯 0.13%，钾 0.08%，灰分 0.9%。

三、羔羊的营养需要

从出生、哺乳到开始配种，羊的生长发育要经过哺乳和断乳两个显著阶段，同化作用强于异化作用是这一时期新陈代谢的特点，营养充足与否，对羊的体形与体重有直接影响，饲养条件均匀，才能把羊培育成各部位匀称的个体。

哺乳时期的羔羊（0～8 周龄），营养需要主要依靠母乳来满足，而后期（9～16 周龄）必须要对羔羊进行单独补饲。哺乳期的羔羊生长迅速，日可增重 200～300 克；到了育成阶段，虽然没有哺乳期增重迅速，但肉用羊在 8 月龄前仍可达 150～200 克的日增重，通常山羊的日增重没有绵羊高。脂肪和蛋白质（肌肉）是羊增重的主要可食成分。处于不同生理阶段的羊，其脂肪和蛋白质的沉积量也是不同的，例如，10 千克体重，蛋白质的沉积量可占增重的 35%，而 50～60 千克体重时，蛋白质的沉积量占增重的比例为 10% 左右，而相应的脂肪沉积的比例会明显上升，因此为了满足其需要，要根据不同阶段的体重，调整蛋白和能量在精料中的比例。精料粗蛋白含量在育成前期应保持 16%～18%，后期 14%～16% 为宜。

羊在生长期需要各种微量元素，尤其对于采食范围小的舍饲羊，容易缺乏铁、铜、锌、锰、碘、硒、钴等微量元素，因此必须补充。维生素对于生长期的羊也很重要。维生素 D 参与钙、磷的代谢，缺乏后羊容易患佝偻病；维生素 A 的需要按每 100 千克体重需 7～10 毫克胡萝卜素供给，由于幼羊瘤胃微生物区系尚未完成，不能合成维生素 B 族，所以生产中应考虑在饲粮中供给。

四、育肥羊的营养需要

增加羊体内的肌肉和脂肪，并改善羊肉的品质是育肥羊生产的主要目的。羊的皮下结缔组织、腹腔和肌肉组织是所增加脂肪的主要蓄积地方。

只要能提供充足的能量饲料，成年羊的育肥就能取得较好的效果。肥育羔羊需要的蛋白质比肥育成年羊要多。育肥成年羊时，蛋白质的需要量主要满足食欲和机体的正常代谢，通常略高于维持需要即可；肥育羔羊时，因为是肥育与生长同时进行，所以就需要增加 1 倍的蛋白质。

肥育成年羊对维生素和矿物质的需要与维持相似，除要将食盐调整到占精料的 0.3%～0.5% 以外，不必补充其余的。羔羊肥育时，

其需要量与生长羊的需要量相似。

肉羊常用的饲料很多，可分为植物性饲料、矿物质饲料、动物性饲料及其他特殊饲料。其中，对其特别重要的是植物性饲料，如粗饲料、青贮饲料、多汁饲料和精料。饲料调制的目的是保证饲料的品质，增加适口性，减少营养损失，便于采食，易于消化，使饲料的营养价值和利用率提高。此外，通过加工调制后可将某些不能直接饲用的副产品变成饲料，有利于开辟饲料来源。

一、粗饲料及其加工调制

粗饲料是指含能量低、粗纤维含量高（占干物质 20% 以上）的植物性饲料，又叫粗料，主要有干草、秸秆和秕壳等。这类饲料的体积大、消化率低，但因为有丰富的资源，所以是羊等草食家畜主要的补饲饲料。

（一）青干草

1. 关于干草　将栽培牧草或天然草地青草进行刈割后，再经人工（烘干）或天然干燥制成。根据植物的种类不同，刈割的时期也有所不同，通常禾本科植物应在抽穗期刈割，豆科植物应在开花初期刈割。如果刈割过早则会降低干草的产量；而若过迟刈割，则干草的品质粗老，又会使营养价值降低。晒制干草时，要注意颜色保护和叶片的保存。一般地讲，深绿色占的越多，养分愈高，淡黄绿色养分减少，白色更少；天气晴朗，养分损失少。白毛则已发霉，变黑则已霉烂。

牧草中20%～40%的营养物质会在干草调制过程中损失掉，只有维生素D_3会增加。牧草种类、物候期和调制技术等都会对干草的营养价值有一定影响。粗纤维含量较高是干草的一大特点，通常粗纤维的含量在26.5%～35.6%。牧草的不同种类中，粗蛋白质的含量也各不同。禾本科牧草和禾谷类作物干草含量较低，一般为7.7%～9.6%，豆科干草较高，为14.3%～21.3%，但能量值差异不大，每千克消化能为9.63兆焦左右。一般情况下，豆科干草的含钙量要高于禾本科干草，如苜蓿为1.42%，禾本科为0.72%。

2. 干草的调制 为了达到贮备干草的目的，要对植物酶和微生物酶的活动进行抑制，即将含水量为65%～85%的青绿饲料，降低到15%～20%的含水量。

贮备干草的方法有两种：一是最普通的调制干草的方法，即田间干燥法。将刈割后的牧草立即进行薄层平铺，暴晒4～5小时，使水分迅速降至38%。可用压扁机把牧草压扁、破碎，以提高干燥速度，要注意避免营养丰富的叶片在调制干草的过程中脱落。我国一般以堆垛的形式贮藏干草。应在地势高燥、易于排水的地方堆垛，要在垛底垫上石头或树枝。堆垛后要将垛顶盖好，垛顶的斜度大于45°。二是干草块法，即用干草制块机将水分已经降至15%左右的干草制作成干草块，通常每块重45～50克，有柱状、砖块状和饼状等。干草块的特点是单位体积重量大，保存养分性能好，在通风良好的情况下，可贮存6个月，可作为羊的基础饲料。

（二）秸秆

1. 关于秸秆　农作物收获后剩下的茎叶部分系通常所说的秸秆。营养特点是粗纤维含量高，占干物质的31%～45%，含有较高的木质素、半纤维素和硅酸盐，如燕麦秸秆的木质素为14.6%，粗纤维含量为49.0%，硅酸盐约占灰分的30%。而且半纤维素、纤维素和木质素结合紧密、质地粗硬、消化率低、适口性差，一般消化能为每千克7.78～10.4兆焦。粗蛋白质含量低，禾本科为4.2%～6.3%，豆科秸秆为8.9%～9.6%。胡萝卜素含量低，每千克禾谷类秸秆为1.2～5.1毫克。粗脂肪含量较少，为1.3%～1.8%。秸秆饲料虽有许多不足之处，但经过加工调制后，适口性和营养价值有所提高，仍是冬季对羊进行补饲的主要饲料。

2. 秸秆调制方法

（1）粉碎和铡短　可将干草和秸秆用粉碎机粉碎，但不宜粉碎得过细或成粉面状，以免引起反刍停滞，降低消化率；也可以将干草和秸秆切短至2～3厘米长。

（2）秸秆碾青　先将30厘米厚的麦秸铺在晒场上，再在麦秸上铺约30厘米的鲜苜蓿，最后将约30厘米厚的麦秸铺到苜蓿上，用镇压器或石碾进行碾压，将苜蓿压扁，流出汁液被麦秸吸收。这样既可以将苜蓿的干燥时间缩短，养分的损失减少，又提高了麦秸的利用率和营养价值。

（3）秸秆颗粒饲料　一种是根据羊的营养需要，将适当的精料、糖蜜（糊精和甜菜渣）、维生素和矿物质添加剂加入粉碎后的秸秆、秕壳和干草中，混合均匀，之后用机器生产出不同形状与大小的颗粒饲料。颗粒饲料中秸秆和秕壳的适宜含量为30%～50%。这种饲料体积小，营养价值全面，易于运输和保存。另一种是在秸秆中添加尿素。作法是将尿素（占全部日粮总氮量的30%）、糖蜜（1份尿素：5～10 份糖蜜）、精料、维生素和矿物质等加入粉碎后的秸秆中，压制成饼状、颗粒状或块状。这种饲料，适口性好，粗蛋白质含量提高，有助于瘤胃中的氨延缓释放速度，防止中毒，可节约蛋白质饲料和降低饲料成本。

（4）秸秆的氨化处理 秸秆经氨化后可增加氮含量（2.75% ～7.7%）和提高干物质消化率（53% ～64%）。现以麦秸为例，介绍两种方法供选择。一种是注氨液法，即把麦秸打成 15 千克左右的捆，同时将含水量增加到 30%；然后将其装入氨化池（长 3 米×宽 2 米×高 1 米），装池时秸秆捆要高出地面 1 米；之后用 0.2 毫米聚乙烯（黑）塑料膜封垛，要压实（膜在池沿，泥土密封）边沿；将导管从池内距地面 50 厘米处插入，深度约 100 厘米，注入工业用液态氨（含氨量 82%），注入量为草重的 3%，拔出管后将注点封闭。如果环境温度在氨化期间保持在 10～19℃，则经 6 周（温度高时可缩短）即可启封释氨。麦秸氨化后应质地酥软、呈棕褐色、无霉败变质现象。另一种是氨尿结合法，即在 40 升水中溶入 8 千克的碳酸氢铵，然后均匀撒在 100 千克的麦秸粉中，再装入大塑料袋或小型水泥池中，踩实密封，经 15～30 天后即可启封取用。

3. 秸秆的饲喂 进行粗饲料调制主要是用于冬、春季补饲。每天晚上对放牧羊只补饲一次。产羔期和下雪时要在每天早晚各补饲一次，如果有充足的饲草，还可喂一次夜草。如果用没有铡短的干草饲喂应设置草架，铡短的粗饲料用食槽饲喂。在饲喂前的 2～3 天要将氨化秸秆启封，必须等游离氨散发无氨味后才能饲喂，否则羊眼被氨气熏蒸会失明或者造成氨中毒。另外还可在饲料中添加尿素喂羊，要严格控制尿素的喂量，每 10 千克体重可喂 2～3 克，育成羊每天可喂 6～10 克，成年羊每天可喂 10～15 克，喂后不要立即饮水，分 2～3 次喂给。需要注意的是尿素喂量可占全部日粮总氮量的30%，不能用尿素代替全部饲料粗蛋白。此外，因豆饼（包括大

豆）、苜蓿中含有脲酶，对尿素有迅速分解作用，所以为了避免羊中毒，不能将尿素与豆饼、苜蓿混喂。如果用高温对豆饼等进行处理，将脲酶破坏后再饲喂，则无害。

（三）青贮

将新鲜的青刈饲料、饲草、野草等，切碎装入密闭的容器（塔、壕、窖、堆、袋）内，经过微生物的发酵作用使青贮料发生一系列物理的、化学的、生物的变化，形成多汁、耐贮、适口性好、营养价值高、可供全年饲喂的一种营养丰富的饲料叫做青贮饲料。它基本保持了青绿饲料的原有特点，是提高饲草的利用价值、扩大饲料来源和调整饲草供应时期的一种经济有效的方法，也是在冬季或舍饲饲养羊的主要饲料之一，有青草"罐头"之称。因而，在舍饲肉羊生产上应大力提倡推广。青贮的质量取决于3个因素：青贮窖内空气是否被全部压出；所用青饲料的化学成分；微生物的活动。

1. **青贮原理** 青贮原理是利用植株内碳水化合物、可溶性糖和其他养分在缺氧条件下，大量繁殖厌氧的乳酸细菌，产生乳酸，进行发酵，氢离子的浓度在酸度积累到一定浓度后会逐渐上升，就导致腐败菌和丁酸菌的生长受到抑制，从而保存下原料中的绝大部分养分，而且能达到长期保存的目的。

2. **青贮的方法**

（1）**青贮窖法** 青绿植物的茎叶以及块根、块茎等多汁饲料，都可以用来制作青贮饲料。及时收割原料，水分含量适宜，获得的青贮饲料就会品质优良。例如，豆科植物应在开花初期，禾本科的植物应在抽穗期收割，70%～75%为适宜的原料含水量，如果水分过高，可与水分含量少的原料混合青贮，或者在制作前进行短时间的晾晒；为了保证乳酸菌的活动，原料含糖量应不少于1.0%。

应在土质黏实、地下水位低的高地建青贮窖。可挖成沟或窖型，但必须保证窖壁平滑垂直，通常沟型窖的上口要比底部宽一些，宽深比为 1∶2 或 1∶1。在装窖前应先将原料切碎，原料细碎更利于压实，切碎后渗出的汁液能使原料表面湿润，对乳酸菌的迅速发酵非常有利，且利于提高青贮饲料的品质。应将切碎机安放在窖边，原料切碎后要及时入窖。应有人经常到窖内耙平装入的原料，铺平一层（约 16 厘米）立即踩实，窖壁和窖角处应特别注意压实。原料压得愈坚实，在原料间隙残留的空气就愈少，也就更利于制造一个乳酸菌喜好的厌氧条件。装满窖后，将一层塑料薄膜或席等物盖到顶部，再加盖 60 厘米厚的泥土，应培实表面的泥土。青贮后的一周时间里要经常进行检查，如果因青贮原料下沉而造成盖土裂缝或下陷，应立即填平压实，并用湿土糊严。为了避免雨水渗入，要在盖土的四周开排水沟。

青贮 40~50 天后就可以开封使用。开窖后，应按每日的需用量逐层取用，不可使青贮饲料全部暴露。因为与空气接触后的青贮饲料容易变质，会影响其适口性及营养价值，应将已经霉烂变质的部分丢弃不用。为了避免雨水、污物等落入，或在冬季防止青贮饲料结冰，每天取后仍将开口处盖好。家畜在开始时可能对有酸味的青贮饲料不习惯，应使之慢慢适应。训练方法是在其空腹时先喂青贮饲料，由少逐渐增加喂量。一般 5~8 千克是每只每日的适宜喂量；补饲时，可每天早、晚各饲喂一次，日喂量可达 3.0 千克/只，或在每天收牧时喂给，1.0~1.5 千克/只是通常的日喂量。应注意，青贮料切忌撒在地面上喂，而应放在食槽内饲喂；为了避免残留物产生异味，饲喂青贮饲料后要将食槽打扫干净；怀孕母羊产前 15 天停喂青贮料。

（2）塑料袋青贮法　目前，发达国家已广泛应用一种袋装青贮装填机，这是在传统青贮饲料生产方式（如青贮窖等）改革后发展起来的。其工艺是把装填机和切碎机组合在一起，生产操作方便灵活，减少了专用运输设备，可用于饲料作物、秸秆作物、牧草等青饲料的青贮和半干青贮，也可用于农作物秸秆的氨化处理。

青贮袋高 2.5 米，长宽各 1 米，每袋可装 750~1000 千克青贮玉米。这种塑料袋一般可以使用两年。塑料袋要厚实，最好在 0.9~1 毫米的厚度；装压时不要破裂，袋边角要封牢。为了便于层层压紧，要将青贮料切碎。扎口时要将空气挤净，要在看到袋内原料沉积后，再将袋口扎紧。青贮料要保持 65%~75% 的水分，要做到用手攥住时不出水，松手落下时就散开。为了防止弄破塑料袋，要避开锐利器具。通常 3~4 周后就可以取用，但每次取用后要封盖。应注意要把玉米秸在切短后加以碾压，并将结节捣碎；最好将薯秧进行晾晒后再贮存。如果发现青贮变为黄色且叶脉已经模糊时就要注意排气封口。使用各种添加剂，尿素每吨添加 4.5 千克，糖蜜应占 1%~10%，有机酸（丙、乙酸）应占 0.5%~2%，石粉每吨添加 4~8 千克。

二、精饲料的加工调制

1. 粉碎、压扁和制粒　燕麦、大麦和水稻等有坚实壳皮的植物，不容易透水，其中的养分不容易被微生物和消化酶分解吸收，所以要经过压扁或粉碎或制成颗粒后才能饲用。一般粉碎的情况下，将其粉成 1~2 毫米的粗粉即可。适当的粗度，可以增大消化液与精料的接触面积，有利于对精料的消化吸收。

豆类、玉米、燕麦等含脂肪高的精料，经粉碎后，可以加强细胞的呼吸以及增大与空气接触的面积，比较容易氧化变质，所以不能久存，最长不过 30 天。尤其是夏秋高温季节，为了避免变质减少养分，最好现加工现饲喂。

颗粒料是经过一系列的加工工艺，用颗粒机将精料制成的一种粒状料。该料饲的同时养分比未制颗粒有所提高，而且使用方便。

2. **浸泡与湿润** 浸泡多用于饼状（豆饼、豆粕）和硬实的籽粒精料（豆类）。湿润多用于粉状精料，如玉米粉、麸皮等。

3. **蒸煮和焙炒** 有的植物蒸煮后可提高适口性和消化率，如豌豆、大豆、黑豆和马铃薯。焙炒可以将饲料中的淀粉部分转化为能产生香味的糊精，用作诱食饲料。

4. **制浆** 在养羊业中，一般在母羊产仔哺乳期和公羊生茸期，用水将大豆浸泡后研磨并加热制成熟豆浆，然后直接饮饲或者将其拌入精料中，按每天每只 100～250 克大豆所制成的豆浆量分次喂给。这种方法不仅可使大豆中的抗胰蛋白酶的活性丧失，从而提高了蛋白质的生物学效价及利用率，而且熟制后可提高大豆的适口性。

5. **发芽** 籽实发芽是复杂的质变过程。大麦发芽后，糖、维生素和各种酶大大增加，一部分蛋白质分解成氨化物。因此，发芽后的籽实是补充维生素的重要饲料。无氮浸出物减少，纤维素增加。长短不同的芽，所含的营养物种类也不同。芽长 2～3 厘米时富含胡萝卜素和 B 族维生素；6～8 厘米的芽，含有较多的维生素；6 厘米以下的短芽含有多种类的酶，是制作糖化饲料的催化剂。

选粒大饱满、新鲜、无虫蛀和霉变的麦粒为原料。将其中的杂质清除后，置于阳光下晒 1～2 天。然后用水将麦粒淘净，再在 15～20℃的温水中浸泡一昼夜。为了保持水温，其间要反复换水。之后再用水冲洗泡好的麦粒，并在塑料布上平摊，厚 3～4 厘米。为了保持温度和湿度，用纱布和麻袋片盖在上面，放于温暖且阳光充足的室内，应保持 20～30℃的室温。每昼夜进行 3～4 次洒水，洒水时要同时翻动麦粒，2～3 天即出芽。出芽后要停止翻动，并将覆盖物揭去，每天早晚淋清水。于无风的晴朗天气的中午前后，将之放到阳光下晒 2～3 小时。1 周后芽就会变成绿色即可以使用。

第五节 日粮配合 》》》

一只羊一昼夜采食的各种饲料的总和叫日粮。根据饲喂对象的饲养标准按百分比给羊群配出各种饲料的数量就是日粮配合。

一、日粮配合原则

羊的日粮配合，是养羊生产中一项技术性很强的工作。现代养羊业的发展的需要，决定了已经不能再用"有啥喂啥"的传统养羊习惯。传统习惯既造成饲料资源的大量浪费，又不能给羊提供营养平衡的日粮。从某种意义上讲，搞好科学养羊的基础之一，就是了解并掌握日粮配合的原理与方法。

羊是反刍动物，应以粗料为主饲料。要根据羊不同的生理阶段的营养需要和消化特点，科学地选择饲料种类，确定合理的配合比例和加工调制方法。配合口粮要因地制宜，尽可能充分、合理地利用当地的农作物秸秆、农副加工产品和牧草等饲料资源；这样，既能节约大量的饲料，又能符合羊的生物学特点，从而使成本降低，效益增加。

一昼夜供给肉羊的饲料称为日粮。根据饲料营养成分价值和肉羊的饲养标准，按照一定比例将若干饲料进行相互搭配而构成日粮。能完全满足肉羊生产和生活需要的日粮，叫全价日粮，否则叫非全价日粮。

（一） 搭配合理饲料

作为反刍畜的肉羊，可以将较多的粗纤维消化掉，应根据这一生理特点进行日粮的配合，以青饲料、粗饲料为主，适当搭配精料。

（二） 注意原料质量

严禁饲喂有毒和霉烂的饲料，要选用优质干草、青贮饲料、多汁饲料。

（三） 因地制宜，多种搭配

为了降低饲料成本，要充分利用当地的饲料资源，特别是廉价的农副产品；同时要进行多样搭配，既能达到营养互补的效果又能提高适口性。

（四） 日粮体积要适当

日粮配合要从饲料的适口性、体积以及羊的体况、体重等方面考虑。如果日粮的体积过大，羊会吃不进去；反之若体积过小，很可能无法满足其营养需要，也难免有饥饿感。所以羊对饲料的采食量大致为每 10 千克体重 1～1.5 千克青草或 0.3～0.5 千克青干草。

（五） 日粮要相对稳定

改变日粮会让瘤胃的微生物发生改变。如果将日粮的组成突然变换，瘤胃中的微生物不能马上适应这种变化，会影响瘤胃发酵，从而使各种营养物质的消化吸收能力降低，甚至会引起消化系统疾病。

二、日粮参考配方

（一）母羊精料补饲配方

1. 空怀母羊　碎玉米55%，豆粕18%，麸皮15%，谷糠8%，贝壳粉1.7%，食盐1%，小苏打1%，添加齐生0.3%。

2. 妊娠母羊

①干草粉50%，玉米粉22%，麦麸8%，熟黄豆粉6%，糠饼12%，贝壳粉1.5%，食盐0.5%。

②黄豆34%，玉米30%，大麦14%，小麦6%，豆饼10%，糠麸5%，食盐1%。

（1）单羔补料配方

①玉米45%，高粱18%，小麦麸13.5%，大豆饼14%，菜籽饼8%，磷酸钙1%，食盐0.5%。

②玉米48%，高粱18%，葵花饼7.5%：小麦麸17%，磷酸钙1%，食盐0.5%，大豆饼8%。

③玉米45%，麸皮30%，麻饼（黄豆）20%，贝壳粉1.2%，骨粉1.8%，食盐1%，多维1%。

④玉米49%，高粱12%，棉仁饼8%，大豆饼18%，谷糠11.5%，磷酸钙1%，食盐0.5%。

（2）双羔补料配方

①玉米66%，高粱14%，棉仁饼7%，小麦麸11.5%，磷酸钙1%，食盐0.5%。

②玉米64%，高粱9%，棉仁饼6%，小麦麸6%，大麦10%，大豆饼3.5%，磷酸钙1%，食盐0.5%。

③玉米65%，高粱20%，棉仁饼4%，小麦麸9.5%，磷酸钙

1%，食盐 0.5%。

④玉米 60%，麸皮 8%，棉籽饼 16%，豆粕 12%，食盐 1%，磷酸氢钙 3%。

(二) 羔羊精料补饲配方

1. **羔羊人工乳** 小麦粉 50%，炒黄豆粉 18%，脱脂奶粉 21%，酵母 1%，白糖 4.5%，钙粉 1.5%，食盐 0.5%，微量元素添加剂 0.5%，鱼肝油 1~2 滴，加清水 5~8 倍搅匀，煮沸后冷至 37℃ 左右代替奶水饲喂羔羊。

2. **羔羊补饲**

①玉米粉 17%，稻糠 20%，豆饼 10%，棉籽饼 5%，麦麸 12%，豆饼 3%，食盐 1%，鱼粉 2%。

②玉米 20%，麸皮 10%，燕麦或大麦 20%，豆饼 10%，骨粉 10%，糖蜜 30%，每 10 千克精饲料加金霉素或土霉素 0.4 克。

③玉米 30%，小麦 30%，麦麸 15%，大豆 20%，食盐 3%，骨粉 2%。

(三) 育成羊精料补饲配方

①玉米 60%，小麦麸 30%，大豆饼 8%，酵母粉 1%，碳酸钙 0.5%，食盐 0.5%。

②玉米 70%，小麦麸 10%，大豆饼 8%，酵母粉 1%，葵花饼 10%，碳酸钙 0.5%，食盐 0.5%。

③玉米 65%，大豆饼 10%，酵母粉 1%，葵花饼 5%，高粱 9%，米糠饼 9%，碳酸钙 0.5%，食盐 0.5%。

（四）种公羊的精料补饲配方

1. 非配种期

①玉米50%，麸皮27%，豆饼20%，食盐1.5%，矿物质添加剂1.5%。

②玉米53%，麸皮7%，豆粕20%，棉籽饼10%，鱼粉8%，食盐1%，石粉1%。

③玉米45%，大麦8%，麸皮7%，豆粕20%，棉籽饼10%，鱼粉8%，食盐1%，贝壳粉1%。

2. 配种期

①玉米70%，豆粉25%，骨粉1%，食盐1%，鸡蛋2.5%，微量元素0.2%，多种维生素0.3%。

②玉米73%，饼粕类25%，骨粉1%，食盐1%，微量元素和多种维生素按标准添加，另外可根据具体情况每天补饲鸡蛋4~6枚。

（五）育肥羊精料补饲配方

①玉米53%，麸皮16%，棉粕15%，菜粕10%，酵母2%，石粉1%，磷酸氢钙1%，食盐1%，添加剂1%。

②玉米55%，麸皮15%，棉籽粕20%，豆粕8%，食盐1%，维生素、微量元素1%。

③玉米40%，酒糟20%，棉籽粕20%，豆粕18%，麸皮10%，食盐1%，维生素、微量元素1%。

④玉米60%，麸皮4%，豆饼30%，棉籽饼1%，磷酸钙1.5%，盐0.5%。

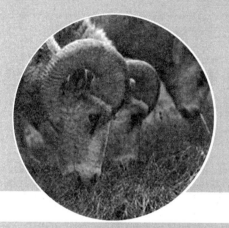

第五章
肉羊的饲养管理

良好的饲养管理措施可以将肉羊的遗传潜力发挥出来，且能提高饲养效率，以较少的投入换取较多的羊产品，这对肉羊的高效养殖具有重要意义。

第一节 种公羊的饲养管理 》》

尽管种公羊在羊群中所占的比例很小，但其决定着羊群的质量和生产能力，万万不可粗心大意。种公羊价值高，数量少，必须抓好种公羊的饲料管理工作，才能保证公羊优良性状的发挥。原则上要求种公羊应全年维持结实健壮的体质，达到中等以上膘情，并具有良好的配种能力、旺盛的性欲和可用于人工授精、品质优良，能制作冻精的精液。

种公羊的饲料管理比较精细。一般都单独组群，对于有放牧条件的地方，最好常年坚持放牧，并给予必要的补饲；如果是舍饲种公羊，也需要单独进行管理。对种公羊的饲养要求是健壮、精力充沛、性欲旺盛、精液品质好，常年保持中、上等膘情，喂给种公羊的饲料要体积小，营养价值高，多样化，含丰富的蛋白质、维生素和钙、磷，易消化，适口性好。种公羊的饲养分为配种期的饲养和非配种期的饲养。

一、配种期的饲养管理

种公羊的配种期包括配种准备期、配种期和配种后复壮期。配种期的种公羊使用较重，一般成年公羊可以每天采精 2 ~ 3 次，多时可达 5 ~ 6 次，绵山羊精子密度高、数量多，但一次的射精量不多，因此种公羊需要有充足的营养保证，而且饲养管理要努力搞好，还要与运动和配种有机地结合起来。

种公羊在配种（采精）前 1 ~ 1.5 个月，逐渐将非配种期日粮更换为配种期日粮。日粮中 35% ~ 40% 为禾本科干草，20% ~ 25% 为多汁饲料，45% 为精料；对于放牧的种公羊，除保证在优质草场放牧外，还要每日补饲混合精料 1.0 ~ 1.5 千克。

配种期每天每只种公羊补饲 0.5 ~ 1 千克混合精料（豆饼占 1/3，玉米不超过 1/2，食盐 15 ~ 20 克，骨粉 5 ~ 10 克，血粉 5 克），1 ~ 1.5 千克的胡萝卜，2 千克的苜蓿或干草。补给草料要分早、午、晚三次进行，早午两次的喂量占日粮的 1/5，放牧的时间要保证 6 ~ 10 小时，每天饮水 3 ~ 4 次。

要在配种前一个月开始对种公羊采精，以对精液的品质进行检查。刚开始采精时，需要一周采精一次；继后一周两次；以后两天一次；到配种时，每天采 1 ~ 2 次精，成年公羊每天可以进行 3 ~ 4 次采精。对于多次进行采精者，要确保不少于 2 小时的间隔时间，以保证其有休息时间。应根据种羊的年龄、体况和种用价值来确定公羊的采精次数。

二、非配种期的饲养管理

这是种公羊进行锻炼和恢复的时期，除保证足够的热能外，还

要供给一定的维生素和蛋白质，因为这个时期通常处于冬春季节，所以除进行放牧外，每天还要供给优质干草 1.5 ~ 2 千克，青贮及块根饲料 1.5 ~ 2 千克，混合精料 0.13 ~ 0.25 千克，分早、晚两次喂给。

管理种公羊，首先是要搞好运动，有放牧条件时，可用放牧代替运动。种公羊爱角斗，角斗本身就表现了较强的性欲，如果平时不注意管理，往往会造成伤亡事故，所以，要及时驱散严重的角斗。高温对精液品质和性欲都会产生一定的不良影响，小而闷热的圈舍可造成精子死亡或稀少，所以夏配时要给公羊宽敞、通风、凉爽的圈舍。为了防止寄生蝇蛆或患腐角症，还要对角根、阴茎包皮等处经常进行观察。如果公羊的后躯沾有苍耳等有刺籽实，要及时进行摘除，以避免互相爬跨将龟头刺破。要对蹄形过长或不正的进行修蹄，在山区放牧时要避开树茬和灌木，以防止刺破种公羊的阴囊。

第二节 母羊的饲养管理 ≫

母羊担负着繁育后代的繁重任务，是羊群正常发展的基础。母羊饲养得好与坏，对羊群的发展与提高起着直接的决定作用，为此，应分别对繁殖母羊做好空怀期、妊娠前期及后期、哺乳期的饲养管理工作。为了实现多胎、多产、多活、多壮的目标，还要常年保持良好的饲养管理条件。妊娠后期和泌乳前期是促进胎儿生长发育、提高羔羊成活率和获得健壮羔羊、获得基础优良后备羊的关键时期，因此，做好这两个时期的管理工作是对母羊的饲养管理重点。

一、空怀期的饲养管理

这一阶段母羊没有妊娠和泌乳的负担，所以往往容易被忽视，其实此时母羊的营养状况对发情、排卵及受孕情况有非常直接的影响。体况佳、营养好时，母羊发情整齐、排卵数多。因此，母羊空怀期的饲养管理需要较强，为了提高母羊的繁殖率，配种前21天的饲养管理尤为关键。在配种前1个月左右，牧区应将进行繁殖的母羊安排在较好的放牧地（对个别体况较差的母羊，要给予短期优饲），以提高母羊的营养水平；农区舍饲的母羊应将蛋白质与能量的水平提高，使母羊膘情一致，发情集中，便于配种和产羔。

二、妊娠期的饲养管理

（一）妊娠前期

母羊妊娠开始的3个月属于妊娠前期，这个时期胎儿的生长发育相对缓慢，所需营养水平满足营养需要即可。如果营养水平过高，会对胚胎的发育产生影响，甚至会导致胚胎早期死亡。对于牧区的羊，这一时期只需要放牧就能满足营养要求；对于舍饲的农区母羊，要将其饲料配方适当进行调整，使营养满足其维持需要即可。

（二）妊娠后期

妊娠后期是指母羊妊娠的最后2个月，这一时期的胎儿生长迅速，所以需要全价日粮，以保证营养充足。这一时期如果出现营养

不足的现象，往往会对胎儿的发育产生影响，使初生的羔羊体重小，生理机能不完善，抵抗力弱，被毛稀疏，成活率低，极易死亡。同时营养不足也会使母羊的体质差，从而降低泌乳量，并由此影响羔羊的健康和生长发育。

通常，妊娠后期的母羊日粮要比空怀期高出15%以上的能量水平，同时蛋白质要增加30%，钙磷增加1~2倍。对于牧区的母羊，除了正常的放牧外，还必须根据母羊的膘情以及产单、双羔的不同，给予不同量的补饲。通常补饲量为：双羔母羊日喂干草1.5千克，精料0.4千克；单羔母羊日喂干草1千克，精料0.2千克。因为苜蓿干草含有丰富的蛋白质和较高的钙质，所以用之作为补饲干草较好，能对孕羊及产后母羊的瘫痪和羔羊的佝偻病起到一定的预防。对于舍饲的妊娠母羊，每只每天饲料供给量为：混合精料0.3~0.5千克，苜蓿草粉0.5~0.75千克，青贮饲料2.0~3.0千克，胡萝卜0.5千克，青干草1.0~1.5千克。

对妊娠后期的初产母羊补草补料要早于经产母羊。还要对可能产双羔的母羊进行特别注意观察，并加以特殊补饲，其特征是膘情极差，走路迟缓，腹围大，被毛扒缝，食欲旺盛，眼部塌陷。妊娠后期的母羊还应坚持里程不少于8千米，时间在6小时以上的放牧运动，在临产前的7~8天内，为了避免分娩时来不及赶回羊舍，不要到远处放牧。对妊娠母羊不能惊吓，打冷鞭，放牧驱赶时要慢，特别是在进入圈舍时要加以控制，以防拥挤而流产，从各方面做到注意保胎。为了避免母羊滑倒，放牧时要避免走冰道，还要在饮水处经常加沙土。

三、哺乳期的饲养管理

生产之后母羊就会开始哺乳羔羊，所以，保证母羊有充足的奶水供给羔羊是这一阶段的主要饲养任务。根据各自情况不同，羔羊的哺乳期长短也不同，通常在 70 ~ 100 天。不论哺乳期长短，泌乳母羊饲养的关键时期都是产后两个月的泌乳前期，所以这一时期的营养必须要保证。为了预防乳房疾病，对哺乳母羊，可适当减少精料及多汁饲料；对乳汁分泌少或瘦弱的母羊，要逐渐增加饲料，分多次喂给，以防止消化不良的发生。特别是舍饲情况下，要保障饲草料的充足，并适当补充精料，以提高泌乳量。一般对产单羔的母羊，每天补 0.3 ~ 0.5 千克的精料，补苜蓿干草、青干草 1 千克，多汁饲料 1.5 千克；产双羔的母羊每天需要补 0.4 ~ 0.6 千克的精料，1千克的苜蓿干草，1.5 千克的多汁饲料。

哺乳期饲料配方：豆饼 10%、菜籽饼12%、麸皮 15%、玉米 60%、食盐 1%、磷酸二氢钙 1%、微量元素和维生素添加剂 1%。

必须经常打扫哺乳母羊的圈舍，以保持干燥清洁。要及时扫除胎衣、毛团、石块、烂草等，以免羔羊舔食而引起疫病。要对母羊的乳房经常进行检查，如发现有乳房发炎、化脓、奶孔闭塞或乳汁过多等情况，要及时采取相应措施进行处理。如天冷风大时，对于放牧的羊，可将羔羊留在圈内补草补料，只对母羊进行适当单独放牧即可，为了便于羔羊哺乳，放牧时间不能过长。随着羔羊生长，可将母羊的放牧时间逐渐延长到 6 ~ 8 小时，仅午间回舍让羔羊哺乳。在断乳前 10 天，要停止对母羊饲喂块根饲料和精料，以免断乳后乳汁不易干涸。

第三节　羔羊的饲养管理　　　　》》

羊一生中生长发育最旺盛的时期是羔羊时期。提高羊群的生产性能，造就高产羊群的重要措施就是创造适宜的饲养环境以培育羔羊，使之朝着所期望的方向发展。

羔羊培育需从以下几个方面着手：

一、做好保温防寒工作

初生羔羊对外界温度变化敏感，体温调节能力差，因而，必须对冬羔及早春羔做好初生羔羊的保温防寒工作。首先羔羊出生后，让母羊尽快将羔羊身上的黏液舔干；如果母羊不愿舔，可撒些麸皮在羔羊身上。其次羊舍一般应保持在5℃以上的室温，温度低时，要设置取暖设备，将一些御寒的保温材料铺在地面，如柔软的麦秸、干草等。

二、早吃初乳、吃足初乳

羔羊哺乳期营养物质的主要来源就是乳汁。尤其是生后的第一个月内，羔羊所需的全部营养几乎都要靠母乳来供应。要保证羔羊良好的生长发育，只有让其早吃初乳且吃足乳汁。吃足母乳的羔羊被毛光亮、结实健壮，两眼有神、精神饱满、活泼嬉闹，增重快，长势喜人，可以说"一天一个样"；如果羔羊经常吃不饱母乳，则被毛蓬乱、体格瘦小、无精打采，经常会躲在角落处闭目养神，前景堪忧，可说"天天一个样"。

初乳，是指母羊产后 3~5 天内分泌的乳，初乳中含有大量的抗体，而羔羊本身尚不生产抗体，因此，初乳是羔羊获得抗体抵抗外界病原体侵袭的唯一来源，而且初乳中含有丰富的维生素、矿物质及蛋白质等营养物质，其中的镁盐有促进胃肠蠕动、排出胎便的功能。所以，及时吃到初乳是提高羔羊成活率和抵抗力的关键措施之一。要保证初生羔羊在半小时之内吃到初乳。对于一胎多羔的母羊，为了让每一只羔羊都吃到初乳，要采用人工辅助的方法，以保证每一只羔羊的成活，否则一胎多羔就没有什么意义了。

饲养员应在羔羊出生后用温水将母羊的乳房擦净，挤出几把初乳，检查乳汁是否正常。通常站立起来的羔羊自己会寻找乳头吃奶；如果羔羊不吃初乳，应该人为帮助。初乳期最好让羔羊跟随母羊自然哺乳。

三、吃好常乳

母羊生产 6 日以后分泌的乳是常乳，它是羔羊哺乳时期营养物质的主要来源，羔羊每增重 1 千克需 6~8 千克的奶。对于规模较大的羊场可用人工哺乳，人工哺乳时要注意给羔羊分群、定时喂乳（每隔 4~6 小时 1 次）、定量（40 日龄前喂乳量按体重的 20% 计算）、定温（38~40℃）和奶质稳定；对于分散养殖户可以让羔羊随母哺乳。

四、适时开食

　　一般出生 1 周后的羔羊就可以采食细嫩的枝条、青草或叶片面积较大的干树叶，在出生后 2 周进行精料的补饲，在草内撒入粉碎

后的精料或颗粒饲料，羔羊在吃草时会将其带入嘴里，习惯后就可以单独饲喂。羔羊补饲料要营养全面、蛋白质水平保持在 16% ～ 20% 为佳，例如，玉米 48%、豆饼 30%、菜籽饼 10%、麸皮 8%、苜蓿粉 4%，另加食盐 0.5%、磷

酸二氢钙 1%、微量元素和维生素添加剂 0.5%；通常补饲的量为：15 日龄应补饲 25 ～ 50 克，50 日龄补 100 克，90 日龄补 150 ～ 200 克。

五、尽早训练，抓好补饲

　　进行早期的运动训练，有利于活泼好动的羔羊身体健康，所以，可以让羔羊在晴暖无风的天气，到户外自由活动。由于羔羊对疾病的抵抗力弱，生活环境不良容易引起羔羊的各种疾病，因此搞好羔羊的培育，要注意加强其运动，优化其生活环境，增强其对疾病的抵抗力。初生 10 ～ 15 天的羔羊虽然可以采食嫩草，但这一时期的羔羊还没有形成瘤胃微生物区系，不能大量利用粗饲料，所以需要补饲高质量纤维少、干净脆嫩的干草和多汁饲料以及蛋白质，如青贮玉米、苜蓿干草等。要将精料磨碎并混合适量的矿物质饲料和食盐，增强羔羊食欲。为了避免大羊抢食，应在补饲栏进行。

六、适时断奶

做好了上述五项工作，便可让出生 60～90 天的羔羊适时断奶了。断奶的方法有多日断奶和一次断奶两种，对于羊群较大，母羊泌乳量较多的情况，应采用多日断奶法；一次断奶便于管理，但容易使母羊的乳房引发炎症。

七、做好卫生保健，预防羔羊疾病

为了避免羔羊与粪便接触、发生痢疾，对于 7～10 日龄的羔羊宜采用舍内高床（漏缝地板）饲养。要对羔羊的圈棚勤扫勤垫，以保持清洁、干燥。为了防止羔羊受凉，冬季要注意保暖；要在夏季注意通风降温，以防羔羊中暑。忽冷忽热、潮湿寒冷肮脏、饥饱不均、空气污浊等不良生活环境与习惯都会让羔羊产生各种疾病。要对圈舍执行严格的消毒隔离制度，发现病羊及时隔离治疗，及时处理污染物及死羔，消灭传染源。

第四节 青年羊的饲养管理 》》》

从断奶到配种前的羊称为青年羊。这一阶段的羊正处于器官和骨骼充分发育的时期，因此，做好本阶段的饲养管理，可以促进其

生长发育。保证优质青干草的供应和充足的运动是饲养管理的要点。优质而充足的干草有利于促进骨骼的生长及消化器官的发育，因而培育出的青年羊消化力强、采食量大、利用年限长、肉用体型明显；充足运动可以使青年羊心肺发达、胸部宽广和体质强壮。实践证明青年羊理想的饲养方式是半放牧半舍饲。常用的青年羊精料配方：豆饼 20%、菜籽饼 10%、麸皮 15%、玉米 52%、食盐 1%、磷酸二氢钙 1%、微量元素和维生素添加剂 1%。

第五节 规范化的生产管理 》》

在肉羊产业化生产中要进行科学规范化的管理，其内容包括以下几个方面：

一、肉羊的基础管理操作技术

（一）捉羊

如果没有捉羊的专门设备，可以先把羊赶进小栏，并围在角落内，然后张开手臂，将其抓住。抓羊时要用轻柔的动作，抓住后，注意不能握在羊的喉咙上，要把手换到羊的下颌骨处，将羊头昂起，防止其向前逃跑。若先抓住的是羊的后胁部或后腿，可将其后腿抬到超过飞节处，然后尽快用另外一只手控制住羊头。如果用这种提

腿法来抓成年羊，羊会剧烈挣扎，不断蹬踢腿部，所以只有在抓捕
羔羊和青年羊时可以采用此法。进行成年羊捉捕时，可先抓住羊的
后胁部。如果场地开阔，则可用专门的捉羊工具将其后腿套住。为
了避免伤害羊只，在捉羊时，无论如何都不能抓羊毛。一旦将羊捉
住后，可骑在羊身上，以防止羊只挣扎，也可给羊只带上笼头，或
者将它赶进围栏或墙角。

（二）导羊

一种导羊法是要站在羊的左侧，右手轻轻搔动羊的尾根，左手
将羊的颈下部托住，羊就会自动前进；另一种导羊法是站在羊的后
侧，将其两个后肢用双手抓住并高举，使羊后躯不能着地并用力向
前推，这样无力反抗的羊就会自动前进了。

（三）保定羊

保定的方法很多，一种是站在羊的左侧，用左手挟住羊的颌下，
右手托臀部使羊体靠住保定人的腿部；另一种方法是把羊捉住后，
用两腿挟住羊的颈部，并用膝盖紧紧顶住羊的肩部。

（四）倒羊

人站在左侧，左手从下面伸到右侧，扶住颈的上部，右手从腹
部下面伸入，握住对侧右后肢的下部，用力向前倒拉，同时左手将
羊颈高擎并向左侧压，羊就会自动坐下而卧倒。

二、肉羊的主要生产管理技术

（一）断尾

为了避免肉羊的后臀部粪便污染，减少蝇蛆寄生，需要对其进行断尾处理。一般羔羊出生 7～10 天后可以进行断尾，断尾时要留下一段能掩盖住肛门和阴门的尾根，如果留得太短，很容易诱发阴道、直肠和子宫的脱垂。断尾、阉割及去角等管理都能引起羔羊的疼痛和不适，还有可能引起感染。国外规定，进行断尾、阉割和去角的羔羊超过 3 月龄时，要按外科手术对待，为了减轻羔羊的疼痛，保护羊的动物福利，应用麻醉等技术措施。常用的断尾方法有结扎法和热断法。

1. 结扎法　在羔羊 2～4 尾椎节间用胶皮筋缠紧，阻断其尾后部的血液流通，尾部会在半个月后自行断落。

2. 热断法　在离羊尾根部 4～5 厘米处用加热的断尾铲将尾切下，并进行烧烙止血。注意切忌太快，要边切边烙。如果尾断之后还会有少量出血，可用断尾铲烧烙止血，最后用碘酒消毒。

（二）去角

如果羊只有角，容易在争斗时互相伤害，不利于管理。一般引进的肉用绵羊和山羊品种大多没有角，波尔山羊的角也不发达，而且其性情较温和，所以可不必去角。但我国大部分地方山羊品种都有大角，最好在集约化饲养时进行人工去角处理。天生没有角的山羊不适合留作种用。

一般羔羊出生后一周左右适宜进行人工去角，此时进行处理对羊的损伤较小。常用的去角方法是烧烙法。将羔羊保定好，剪掉角蕾周围的毛。为了保障羊的动物福利并减少其疼痛，最好先使用2%利多卡因对羔羊角根周围进行局部麻醉，再对羔羊角基部用功率为200瓦左右的电烙铁用力烧烙，每次烧烙4～6秒后就移开烙铁，换到另外侧进行操作。在完成另一侧操作后，再将先前操作的角烧烙2～3秒，使角基周围的整层皮肤变成黑黄色，不能用指甲抠下。如果不能一次彻底处理，可以进行再次操作。雄性山羊角的基部邻近处有一对气味腺体，在去角时要一同除去。

（三）去势

为了防止乱交乱配及减少争斗，利于饲养管理，需要对肉羊进行去势。可对6周龄前的不适合种用的公羔（最好在2～7日龄内）进行去势。集约化肥羔生产通常都是在羊的性成熟前进行，所以没必要去势。去势可使公羔羊的增重速度、饲料转化率及瘦肉率降低。但在肥育前对淘汰的成年公羊去势，可方便饲养管理且能改善羊肉的风味。

羔羊去势可用结扎法、阉割法及去势钳法。应在去势前的提前10天以上给肉羊注射破伤风疫苗。如果提前未注射疫苗，可进行破伤风抗毒素的注射，为羊只提供临时的免疫保护。

1. 结扎法　适合1月龄左右的羔羊。术者左手将阴囊基部握紧，右手将橡皮圈撑开套在阴囊上，为阻断下部的血流而反复扎紧。阴囊连同睾丸会在15天后自行脱落。

2. 外科手术阉割法　将保定后的羊进行术部消毒。操作者用左手阴囊的上端握紧，将睾丸挤压到阴囊底部；右手在阴囊下端与阴囊中隔平行处用刀切开一道口，以能挤出睾丸为切口大小。挤出睾丸后，再向上推阴囊皮肤，使精索暴露并将其剪断，用碘酒在精索断处消毒，然后将消炎粉撒在阴囊皮肤的切口。

3. 无血去势钳法 术者先用手将羊的阴囊颈部抓住，然后把睾丸挤到阴囊底部，再把精索推挤到阴囊颈外侧，在精索内侧皮肤上用长柄精索固定钳夹住，以防精索在皮下滑动。助手张开去势钳嘴，在精索固定钳固定点上方夹住。在确定精索确实被两个钳嘴夹在中间后，将钳柄用力合拢。如果能听到清脆的"咯吧"声，就表明已经夹断精索，否则可能是精索滑脱，应重新操作。在合拢钳柄后，应停留 1~1.5 分钟，然后再将钳嘴松开，用同样的方法处理另侧的精索。之后对钳夹处皮肤做碘酊消毒。该法操作简单，但应激较严重。

（四）修蹄

长期接触坚硬路面的放牧羊群不需要修蹄，但舍饲羊只的运动较少，就需要适时修蹄。过长或变形的羊蹄，会对羊只行走产生影响，甚至容易引发腐蹄病，造成跛行，乃至残废。一年中可以对舍饲肉羊进行两次修蹄，最好将其他管理工作与修蹄安排在一起进行。对产羔后的母羊修蹄，可减少反复抓羊引起的应激。

应在修蹄前准备专用的蹄剪、蹄刷、蹄刀、喷雾消毒剂、止血消炎药品等，并磨快刀剪。将羊只在平坦光亮的地方竖立保定，背靠操作者。一般修蹄先从左前肢开始，术者用左腿将羊的左肩夹住，使羊只的左前膝靠在操作者的膝盖上。先把蹄部的杂物用蹄刷清理干净，然后对蹄部进行例行检查，看是否有感染，并确定修剪的量。一般只将蹄掌之外的多余蹄甲削去。右手持刀（或剪），左手握蹄，削平蹄底，将过长的蹄壳剪去，修成椭圆形的羊蹄。修蹄时要动作准确、有力，要逐层削剥，直至可见淡红色微血管，操作必须细心，不可一次切削过多过深，也要防止伤及蹄肉。如果不慎将蹄肉弄伤而致使出血时，可采用烧烙法或压迫法止血。为了防止蹄部感染，可在修完的蹄部喷洒适量的消毒药品。

（五）剪毛

虽然肉羊生产以产肉为主，但羊毛仍是重要的收入来源。我国地方品种粗毛羊可每年春、秋季节剪毛两次；而我国引进的肉用绵羊多属于短毛种半细毛羊，其余部分属于细毛羊，它们一般每年仅在春季剪毛一次。

1. 剪毛方法　剪毛方法分机械剪毛和手工剪毛两种。机械剪毛质量好、速度快；手工剪毛是用特制的剪毛剪进行，劳动强度大。为了避免在翻动羊体时造成肠扭转，所以在手工剪毛前，要先对绵羊禁食数小时。剪毛时，可选择在土质地面上铺席或直接在干净的水泥地进行。保定羊只后，先从体侧至后腿剪开一条缝隙，然后从后部开始向背部逐渐剪。剪完一侧后，将羊翻过来，由背向腹部剪，最后将头颈、腹部和四肢下部的羊毛剪下。剪毛时，要尽可能减少二刀毛并防止损伤皮肤，羊毛留茬高度应在0.3~0.5厘米。

2. 剪毛顺序　不管是机剪还是手剪，一般认为如下程序较好：

①让羊只左侧卧在地上或剪毛台上，腹向外，背对剪毛员。从大腿内侧剪起，从后向前将腹部和胸部剪完。

②将羊翻转过来，开始剪左侧，从左边往前，由腹部到体侧、脊椎部，剪去左半部。

③再把羊翻转过来，使其左侧卧在地上或剪毛台上，将右侧、腹部、背部的毛剪去。

④最后将头部、右颈、左颈和颈部皱褶处的毛剪去，剪皱褶时要顺其横向剪。

在剪毛过程中，为了不将皮肤剪破，需要全程都用手拉紧皮肤；如果出现剪破皮肤的情况，要在破的地方及时上药，以防止化脓生蛆。

3. 剪毛注意事项

①剪毛前要先将羊体上粘附的粪土及草屑清除，防止混入毛内。

②捉羊、倒羊和剪毛时，为了避免造成骨折、脱臼和其他外伤事故，不能粗暴地踢羊、打羊，如果羊在剪毛过程中摇晃，应耐心地使它安静后再继续工作。

③为了不剪二刀毛，剪毛时的剪口要紧贴羊只体表，毛茬要短，剪下的毛被要成套，以便于选毛。

④剪到母羊的乳头、阴唇、耳朵，公羊的包皮、阴囊等处时要特别小心。细毛羊的皱褶处要顺皱褶剪，否则易留茬过高或剪伤。

⑤应最后剪有疥癣病的羊群，要单独包装疥癣毛。剪毛工具及剪毛场所要在剪毛结束后彻底消毒。

剪毛人员如果能严格遵守剪毛规程，可较好地杜绝剪毛事故的发生。

（六）药浴

药浴就是用配有药的水洗羊。药浴可以对绵山羊体外的寄生虫进行有效防治，特别是扁虱、疥癣。因为药浴时可以对羊只体表的任何部位都产生药效，用药彻底。所以该方法是绵山羊管理中不可缺少的环节。

1. 药浴时间　通常可以在剪毛后的 7 ~ 10 天进行药浴，1 周后再药浴一次，要选择晴朗的天气进行，药浴前要饮足水，并停止放牧半天。

2. 药浴池　药浴池的相关内容请参阅本书第三章第三节中药浴

设备部分，此处不再赘述。

3. 药液的配置 一般供羊药浴的药液，可以使用含 0.5% 的敌百虫（美曲膦酯）。配置方法是：在 200 千克温水（40℃）中加入 1 千克敌百虫药，充分化开即可，这些量可药浴 40 只羊。或用水温 25～30℃，0.05% 的辛硫磷溶液，药浴 1～2 分钟，一般 50 克乳油配制成的药液可以洗 14 只羊。

4. 药浴注意事项 药浴前要先检查羊身上有无伤口，为了避免药液侵入伤口，引起中毒或发炎，有伤口不能药浴。配好药液后，先用几只体弱的羊试浴，通过观察没有中毒现象后，再大群药浴。

要人工帮助体弱羊和羔羊通过药浴池，也可以一起给牧羊犬药浴，池里的药液以能使羊体漂浮起来为好，不能过浅，当羊至池中间时，要用木棒将羊头压一下，以使头部也能药浴。出池后的羊待毛干了又没有发现中毒现象时再放牧。药浴时，应先洗健康羊，后洗病羊。

（七）驱虫

羊有很高的寄生虫疾病发生率，往往严重危害肉羊产业的发展，造成很大的经济损失。因此，羊场每年要进行 2～3 次定期驱虫，一般在每年的 3 月至 4 月份和 12 月至来年的 1 月份各驱虫一次，以预防和控制寄生虫病。常用的驱虫药很多，如驱线虫的敌百虫（美曲膦酯）、左旋咪唑等；驱绦虫和吸虫的阿苯哒唑、吡喹酮等；既可驱体内线虫又可驱体外寄生虫的阿维菌素、伊维菌素等。

驱虫注意事项：

第一，由于寄生虫的一大特点是普遍混合感染，所以应使用两种或两种以上的药物进行联合投服，可使药物起到协同作用，从而使驱虫范围扩大，提高药物疗效。

第二，为了避免大批羊只发生药物中毒事故，在选择应用抗寄生虫药物对大群肉羊进行预防和治疗前，必须先从羊群中选择少数几只进行药物驱虫试验，确认安全可靠后，方可大群投药。

第三，寄生虫体可对小剂量反复使用或长期使用的某种药物产生耐药性，甚至会对同一类药物产生交叉耐药性，从而降低或影响药物的驱（杀）虫效果。

第四，药物预防和治疗性驱除羊寄生虫后，应集中收集羊粪并运至附近的田角地头或羊场下方的低洼处堆积发酵，待发酵一个月后方能用作肥料。

（八）运动

在舍饲肉羊管理中，运动有非常重要的作用，经常运动可以促进肉羊的新陈代谢、增进食欲、提高抗病力、增强体质。如果种公羊运动量过少，造成肥胖，性欲降低，射精量少，有的甚至没有，精液品质较差，畸形精子数量增多；母羊的运动量过少，会影响发情。对于舍饲肉羊需要每天进行不少于 1 小时、不超过 2 小时地驱赶运动，驱赶种公羊进行运动的时间可以稍长。

优质羊肉生产的重要保障就是科学的饲喂与管理，在我国肉羊的生产实践中，应逐步规范和完善肉羊饲养管理制度，保障优质羊肉的生产，提高肉羊养殖的经济效益。

第六章

肉羊的繁育技术

繁育技术是现代化的肉羊生产中的一个关键环节。繁育技术是畜牧科学技术水平的综合反映,会直接影响肉羊业的生产效率。家畜的遗传、营养、繁育、疾病防治等关键技术随着科学技术的发展而突飞猛进,劳动生产率、生产效率都大幅度提高。在繁育技术上,通过有效控制、干预繁育过程,使肉羊生产能按人类的要求与需要有计划地进行。

第一节 羊的繁殖生理 》》》

一、性成熟

性器官已发育完全、睾丸(卵巢)和性腺中开始产生健壮的性细胞和分泌激素的时期称为性成熟。这一时期,母羊出现发情现象,如果令其交配,则能受孕产生后代,公羊开始表现出明显的性行为。性成熟受年龄、气候、营养、日照、品种、性刺激、激素处理等因素的影响。

(一) 公羊的性行为和性成熟

公羊的性成熟期是指公羔的睾丸内开始出现成熟的具有受精能

力的精子时。通常情况下，6~10个月龄的公绵羊、公山羊就已经性成熟。品种、营养条件、个体发育、气候等因素决定着性成熟的早晚。性兴奋、求偶、交配等都是公羊的主要性行为，公羊表现性行为时，常有口唇上翘、举头，并有连串的鸣叫声发出，性兴奋发展到高潮时进行交配。公羊交配动作迅速，时间仅数十秒。

（二）母羊的初情期与性成熟

性机能的发育过程是一个由发生到发展直至衰老的过程。在母羊的性机能发展过程中，大体分为初情期、性成熟期及繁殖机能停止期。

幼龄时期母羊的卵巢和性器官还没有发育完全，在发育过程中卵巢内的卵泡多数萎缩闭锁。当母羊达到一定的体重和年龄时，就会发生第一次发情和排卵，也就是到了所谓的初情期。这时的母羊虽偶尔表现出发情现象，但并不完全，其生殖器官仍在继续生长发育中，发情周期也往往不正常。自此以后，大量的促性腺激素被腺垂体产生并释放到血液中，促进卵泡的发育，同时，雌激素由卵泡产生并被释放到血液中，刺激生殖道的发育和生长。4~8月龄的绵羊、山羊母羊基本已经性成熟，有一些早熟多胎品种在4~6月龄就已性成熟，如小尾寒羊、湖羊等。细毛羊一般在8~10月龄才能性成熟，相较其他品种较迟，青山羊2~3月龄即有发情表现。

二、初配年龄

性成熟期是指到了一定年龄的母羊，生殖器官已经完全发育，具备了繁殖能力。性成熟后，就可以配种怀胎并繁殖后代，但性成熟并不意味着就是最适宜的配种年龄，因为这时的身体尚未发育成熟。过早对幼羊配种，不仅严重影响后代体质和生产性能，也会严重阻碍其本身的生长发育。品种、个体、气候和饲养管理条件等因素决定了母羊的性成熟的早晚。早熟种的性成熟期比晚熟种的要早；温暖地区要早于寒冷地区；饲养管理好的，性成熟也较早。但是，如果太迟对母羊进行初配，不仅会造成经济上的损失，而且也会影响其遗传进展。因此，在肉羊生产中，要提倡适时配种，母山羊的配种年龄为 7~8 月龄为宜，绵羊在 1 周岁左右。8~9 月龄为公山羊的适宜配种年龄，公绵羊为 1.5 岁左右。

三、配种季节

对羊进行配种的较好季节是 9 月、10 月，因为山羊有约 152 天的妊娠期，绵羊有约 150 天的妊娠期，如果让母羊在 9 月、10 月配种怀孕，可于第二年的 2 月、3 月产羔。其好处一是早春产的母羔，当年 8~9 月龄体重可达 35 千克以上，10~12 月又可配种。二是气候逐渐暖和，青草也开始长出来，自然环境对母羊泌乳和保证羔羊成活率极为有利。三是按母羊的生理规律在产后第 3 个月会进入泌乳高峰期，早春产羔可确保母羊在泌乳高峰期吃上嫩青草和刺槐叶，能适当提高母羊的产奶量。

不同品种的绵羊，其配种季节也各有不同。湖羊、小尾寒羊可全年发情，而我国大多数羊发情都是在秋季。公羊没有明显的配种季节，但精液的特征及产生的季节性变化非常明显。秋、冬季的射精量要比春、夏季高，秋、冬季精液质量也要比春、夏季好。

第二节 肉羊的发情鉴定 》》

一、发情

母羊能否正常发情，决定着其繁殖能否正常。母羊发育到一定程度时表现出的周期性的性活动现象就是正常发情。母羊发情表现在以下三方面：

（一）母羊的精神状态

母羊发情时，常常会表现出兴奋不安，食欲减退，有交配欲，对外刺激反应敏感，主动接近公羊，在公羊爬跨或追逐时常常站立不动。

（二）生殖道的变化

在雌激素的作用下，发情期中的生殖道会发生一系列利于交配的生理变化，发情母羊的外阴部充血肿胀、松弛，并有黏液分泌。子宫腺体增长，基质充血、增生、肿胀。

（三）卵巢的变化

在发情前的 2~3 日，母羊卵巢的卵泡发育很快，卵泡液增多，

卵泡内膜增厚，部分卵泡在卵巢表面突出，颗粒层细胞将卵子包围。

二、发情持续期

发情持续期是指母羊每次发情持续的时间。发情持续时间因年龄、配种季节不同而异。绵羊发情持续期为30小时左右（20~42小时），山羊为24~48小时。初配母羊发情持续时间较短，成年羊较长。母羊初次排卵与发情同时发生，即有发情表现但不一定排卵，初次排卵也不一定有发情表现。配种季节的初期和末期发情持续期较短，中期较长。母羊排卵一般多在发情后期，一般可排1~2个卵。有些母羊可排3个甚至更多的卵。无论是山羊还是绵羊，随着年龄的增加，排卵数也会增加，在3~6岁达到最高峰，此后会逐渐下降。成熟卵排出后在输卵管中存活的时间为4~8小时；公羊精子在母羊生殖道内授精作用最旺盛的时间约24小时。最好在母羊排卵前8小时内配种，最晚不超过排卵后4小时，以使精子和卵子得到充分的结合机会。在发情持续时期，母羊接受公羊爬跨时间大约为10小时。在生产实践中，比较适宜的配种时间为发情后12~16小时。在生产上，可早晨试情，挑出发情母羊进行配种，傍晚再配1次。

三、发情周期

即母羊从上一次发情开始到下一次发情开始所间隔的时间。如是未受孕的母羊，在一个发情期内，其机体和生殖器官会有一系列周期性变化发生，然后会再次发情。绵羊的平均发情周期为16天（14~21天），山羊平均为21天（18~24天）。

四、发情鉴定方法

肉用母羊发情鉴定方法有 3 种，即阴道检查法、外部观察法和试情法。对母羊进行发情鉴定的目的是及时发现发情母羊，正确掌握配种或人工授精时间，提高受胎率。

（一）阴道检查法

可用开膣器检查母羊阴道黏膜、分泌物和子宫颈口的变化情况来判断发情与否。在进行阴道检查时，需先保定母羊，将其外阴洗净，再将开膣器清洗后消毒，然后涂上润滑剂。将开膣器前段闭合，以其侧向缓缓插入母羊阴门口。插入后再转为正向，轻轻将前端打开，用手电筒检查阴道内部变化。发情母羊阴道黏膜光亮湿润并会充血，而且会流出透明黏液，子宫颈口松弛、开张、充血、有黏液流出。检查完毕合拢开膣器，轻轻抽出。

（二）外部观察法

主要是观察母羊的精神状态和外部表现。土种羊的发情外部表现要比引进的肉种母羊明显，其主要的发情表现是喜欢接近公羊并摇动尾巴；当被公羊爬跨时，发情母羊站立不动，乐意接受公羊的交配，外阴部分泌少量黏液。波尔山羊发情表现相对明显，发情母羊兴奋不安、大声鸣叫、摇尾、食欲减退、外阴部及阴道肿胀、松弛、充血，并有少量黏液排出。

（三）试情法

在母羊群中放入试情公羊后，工作人员只能适当驱动母羊群，

使母羊不要拥挤在一处，但不要哄喊。接近公羊并站立不动的母羊就是发情的母羊，要迅速挑出，准备配种。试情公羊、母羊的比例一般为 1：40 ~ 1：50 为宜。

第三节 配种方法 》》》

一、自然交配

将母羊与公羊同群放养，当母羊出现发情时，公羊就可以自由与母羊交配。在一个配种季节里，这种配种方法，1 只公羊只能与 20 ~ 30 只母羊配种，并不能充分利用优良种公羊，每只发情母羊的配种时间、预产期及羔羊的系谱状况等也很难搞清，所以无法进行羔羊的选择。另外，公羊、母羊追逐配种，也会对羊群放牧产生影响。

二、人工辅助交配

将公羊与母羊分群放牧的情况下，把发情母羊经过试情挑出来，让指定种公羊与发情母羊在人的帮助下交配。这种方法适合在开展人工授精较困难、种公羊比较充足的情况下使用。一个配种季节里，用这种方法每只种公羊能配 50 只以上母羊，同时对每只母羊的配种时间和与配公羊的编号都比较容易掌握。

三、人工授精

人工授精是以人为的方法用器械采取公羊的精液，经过检查精液品质和进行一系列处理，再将精液用器械输入到发情母羊的生殖道里，以达到母羊受胎的配种方式。人工授精配母羊数比本交提高数十倍，可以提高优秀种公羊的利用率，并可以加速羊群的遗传进展，同时对疾病的传播起到预防作用，还能节约饲养大量种公羊的费用。

配种 1 个月，要检查参加配种的公羊的精液品质。一是排除公羊生殖器内长期积存的衰老、死亡的精子，促进公羊的性机能活动，产生新精子，每只种公羊至少要采精检查 15 ~ 20 次。二是了解精液品质情况，如发现问题方便及时采取措施，以确保配种工作顺利进行。

（一）精液品质检查

精液品质直接影响着受胎率，所以要输精前必须经过检查与评定。通过检查精液品质，以确定能否用于输精和稀释倍数，这是对种公羊种用价值和配种能力的检验，也是保证输精效果的一项重要措施。精液取样要有代表性，进行品质检查要快速准确。检精室要保持 18 ~ 25℃的室温，而且室内要洁净。检查项目如下所述。

1. 外观检查　乳白色，呈云雾状，无味或略带腥味的精液是正常精液。用灭菌输精器抽取测量用的精液量，一般为0.5~2毫升的射精量即可，绵羊要比山羊的射精量多。

2. 精子活率 精子活率是评定精液的重要指标之一。精子活率的测定是检查精液中直线前进运动的精子在37℃左右条件下的百分率，检查时将一滴精液用灭菌玻璃棒蘸取，放到载玻片上加盖玻片，观察时要放大300~500倍。可以评为1级的是全部精子都做直线前进运动，如果做直线前进运动的精子占90%，则评为0.9级，以下依此类推。0.3级以上的活率方可适用于输精。

采精后、稀释后以及保存的精液都需要在输精前后进行活率检查。

3. 精子密度 单位体积中的精子数就是精子密度。在显微镜下放一滴新鲜精液进行观察，根据视野内精子多少分为密、中、稀三级。"密"是指在视野中精子无空隙、密集，单个精子运动无法看清（每毫克精液中含精子25亿以上者）；"中"是指精子间保持着相当于一个精子长度的距离，单个精子的运动可以看清（每毫克精液中含精子20亿~25亿者）；"稀"是指精子的数量并不多，精子之间有很大的距离（每毫克精液中含精子20亿以下者）。为了对精子的密度进行精确计算，可在显微镜下用血球计数板进行计算和测定。先将原精液用红细胞稀释管吸取到刻度处，将吸管头上黏附的精液用纱布擦去，再将3%~5%的氯化钠溶液吸取到刻度处，用中指和拇指按住吸管两端充分摇动，使精液与氯化钠溶液充分均匀。这样精液就被稀释到了200倍。把管内最初几滴液体吹掉，然后在计算板中部的边缘处放上吸管尖，轻轻滴入一小滴被检精液，让其自然流入计算室内，这时即可在600倍显微镜下计算精子。

4. 精子形态 如果变态精子在精液中的含量过多，就会使受胎率降低。畸形精子是指形态不正常的精子，如头部过小或过大，双尾、双头、断裂、尾部弯曲等。

（二）人工授精方法

1. 器械的消毒 要对采精、输精及与精液接触的所有器械进行清洁、消毒与干燥，之后将其存放到烘箱中或清洁的柜内备用。要用2%的碳酸氢钠溶液清洗假阴道，再用清水冲洗数次，然后用75%的酒精消毒，在使用前还要冲洗生理盐水。洗净输精器、玻璃棒、集精瓶和存放稀释液及生理盐水的玻璃器皿后，还要进行30分钟的蒸汽消毒，使用前要用生理盐水冲洗数次。对于干腔器、镊子、盘子等金属制品，要用2%的碳酸氢钠溶液清洗，然后再用清水冲洗数次，擦干后用酒精灯或75%的酒精消毒。用蒸汽将凡士林消毒30分钟。

2. 采精 人工授精的第一个步骤是采精，采精时必须做到稳当、迅速、安全，以保证公羊性反射充分，射精顺利、完全、精液量多而洁净。

采精前应先将台羊选好，选择的台羊要与采精公羊的体格大小相适应，而且要有明显的发情。安装假阴道时，注意不要让内胎出褶，用酒精棉球在装好后进行消毒，再用生理盐水棉球擦洗数次。应保持假阴道在采精前有一定的温度、压力和滑润度。假阴道安装好后，内部温度以40~42℃为宜。用清洁玻璃棒沾少许凡士林均匀涂抹在内胎的前1/3处，也可用生理盐水棉球擦洗保持滑润，以保证阴道内有一定的滑润度。将气体通过气门活塞吹进去，使内胎的

内表面保持三角形，合拢而不向外鼓出为适度，而且要使假阴道保持一定的松紧度。

要根据羊的年龄、体况和种用价值来确定种公羊的采精次数。每天对1.5岁左右的种公羊进行3～4次采精，每次采精应有1～2小时的间隔时间。特殊情况下（种公羊少而发情母羊多），可连续对成年公羊采精2～3次。在频繁采精时，为避免因过度消耗养分和体力而造成体况明显下降，要保证种公羊每周有1～2天的休息时间。

3. 精液的稀释　将精液稀释可以使精液量增多，扩大母羊受精率。还可以给精子供给营养，增强精子活力，有利于精液的保存运输和输精。

人工授精所选用的稀释液要力求费用低廉，配制简单，具有扩大精液量、延长精子寿命的效果，葡萄糖卵黄稀释法、生理盐水稀释法、牛奶（或羊奶）稀释法是目前最常见的稀释液。

（1）葡萄糖卵黄稀释液　将3克葡萄糖和1.4克柠檬酸钠加入100毫升的蒸馏水中，溶解后进行过滤灭菌，然后将其冷却至30℃，加入20毫升新鲜卵黄，每毫升加入链霉素、青霉素各1000单位，充分混合。此种稀释液的稀释倍数为2～3倍。

（2）生理盐水稀释液　用经过灭菌消毒的0.9%氯化钠溶液，或用注射用的0.9%生理盐水作稀释液。此种稀释液对于稀释后马上输精的情况，也是一种比较有效的方法，而且简单易行。此种稀释液的稀释倍数不宜超过2倍。

（3）牛奶（或羊奶）稀释液　用脱脂纱布将新鲜牛奶（或羊奶）过滤，蒸汽灭菌10～15分钟后，冷却到室温，将上层的奶皮除去，每毫升加入链霉素、青霉素各1000单位，充分混合。此种稀释液的稀释倍数为 2 ~ 4 倍。

4. 精液的保存 为了使优秀种公羊的利用效率、利用时间、利用范围适当扩大，需要有效地保存精液，延长精子的存活时间。为此必须减少能量消耗，降低精子的代谢。在实践中，抑制精子的运动和呼吸，降低能量消耗主要采用降低温度、隔绝空气和稀释等措施。

（1）常温保存 将稀释后的精液保存在20℃以下的室温环境中，在这种条件下，会明显减弱精子的运动，能使精子的存活时间在一定限度内延长。常温下只能保存 1 ~ 2 天。

（2）低温保存 在常温保存的基础上，进一步缓慢降低至 0 ~ 5℃。能量代谢和物质代谢在这个温度下都降到了极低水平，代谢产物的积累和营养物质的损耗都逐渐缓慢，精子运动完全消失，低温保存的有效时间为 2 ~ 3 天。

5. 输精

（1）输精方法 保证母羊受胎的关键，就是适时而准确地将一定量的优质精液输到发情母羊的子宫颈口内。输精操作中，应先用新洁尔灭将待输精母羊外阴部擦洗消毒，再用生理盐水棉球或水擦洗干净，把母羊的后肋放在离地面 70 ~ 80 厘米高度的横杆上，或者由两人抬起羊的后腿，输精人员用内视镜或开膣器插入母羊阴道，通过对深度和角度进行调节找到子宫颈口，然后慢慢地将输精器插入子宫颈口 1 ~ 2 厘米，缓慢注入所需要的精液量（原精 0.05 ~ 0.1毫升，稀释精液 0.1 ~ 0.2 毫升），再将输精器来回抽动并按摩约 1分钟，从阴道内把开膣器或内视镜抽出后，对母羊股部拍打一掌，使其子宫颈收缩，有助于精液不致外流。

（2）输精时间及次数　当母羊开始表现出发情状况后，第一次输精要控制在 8 ~ 12 小时以后开始（冻精则适当延迟数小时），也可用子宫颈黏液特征作为适时输精的标志，当透明的黏液变为混浊并最终变成奶酪状时，此时的输精效果最好。一般采取试情 1 次，输精 2 次，即下午试情，第二天上下午各输 1 次；或当天上午试情后下午进行第一次输精，第二天上午再输 1 次。

（3）注意事项　保证受胎率的关键就是准确判断母羊的发情，建议发情鉴定最好采用公羊试情法；深部输精 1.5 ~ 2.5 厘米且尽量要深，能够有效提高受胎率；在气温较低的冬季里，为了防止精子冻休克，应将输精器加温到体温后再放入精液；应及时用水将使用后的输精器冲洗干净，并用蒸馏水冲 1 ~ 2 次。每输完一只羊，都要用酒精棉球进行消毒，然后再用生理盐水冲洗 2 次后使用；所有与精子接触的器材都要避免带水，因为水能使精子死亡，所以可用生理盐水冲洗两次以上再用；为了防止精液倒流，应让输精后的母羊在原保定位置停留一会儿再放开活动；由于处女羊的阴道狭窄，对其输精时不能到子宫颈口内，只能做阴道底部输精，所以输精时，至少要加 1 倍的量；要对输精母羊做好记录，按输精先后组群。

第四节 肉羊的妊娠与接产 》》

一、妊娠

一般说来，如果配种后的母羊到下一个发情期没有发情表现，即可初步认为是妊娠。

妊娠母羊多表现为安静温驯，举止稳重，膘情恢复较快，食欲增强。腹部逐渐膨大以后，至怀孕 2 个月后，可进行妊娠检查。

（一）妊娠检查

对配种后的母羊进行妊娠检查应尽早，以便及时发现未孕母羊，采取补配措施，同时对确诊的妊娠母羊进行合理的饲养管理，避免流产，以提高羊群的繁殖力。

一般是在早晨空腹时，检查者先用两腿将母羊的头颈夹住，将两手放在母羊腹侧下，乳房前方的两侧部位，并将其腹部托起，左手把羊的右腹向左方微推，左手拇指和食指叉开稍加压力，可以触摸到较硬的小块，若两边各有一硬块，则怀双羔；若只有一块，为单羔。要细心检查，为避免母羊流产，不可强行用力。羊怀孕后期，腹部显著增大，从外观即可判定。

（二）妊娠期推算

在发情周期内配种母羊受孕后，就不会再有发情表现，从开始受孕到分娩这一段时间叫妊娠期。绵羊的妊娠期是 150 天左右，山羊的妊娠期是 152 天左右。

（三）保胎措施

1. **分群饲养** 怀胎母羊应单独组群（每群 30 只）饲养，不能与小羊、公羊、育肥羊同群。为了保证胎儿的正常发育，可针对胎儿的发育时期不同，采取不同的饲养管理方法。

2. **保证营养** 在怀孕期应饲喂较好的饲草，可以让母羊增膘保胎，还要注意给体质瘦弱的个别母羊补充一些精料，可用玉米粉、米糠、谷粉、豆饼等组成混合精料，在晚上一次喂给，每头成年羊每天喂 0.2 ~ 0.3 千克。另外，要注意添加食盐、维生素、微量元素等。要在妊娠后期增加一些胎儿生长发育所需要的钙磷等维生素类和矿物质类饲料。形成胎儿各种组织器官的胚胎前期，需要全价营养。

3. **适当增加运动** 并不是要求母羊不运动就可以保胎，相反，增加母羊抵抗力、防止其流产的措施中就有合理的运动，同时，也为将来顺利娩出胎儿，保证母子平安打下基础。

4. **预防疾病** 如果怀孕的母羊生病，极容易引起流产。因此，在怀孕期要注意防暑、防寒，不能饲喂有毒饲料和变质霉烂的饲草，以杜绝疾病发生的诱因。

二、分娩

做好母羊的分娩产羔工作，对于提高幼羔的成活率，促进羔羊的健康生长，维护母羊健康都具有重要的作用。产羔是指妊娠期满的母羊将子宫内的胎儿及其附属物排出体外的过程。一般根据母羊的配种记录，按妊娠期推测出母羊的预产期，加强对临产母羊的饲养管理，应在产前 3～4 周就剪去乳房和股内侧的羊毛，以免初生羔羊吃到脏毛和妨碍羔羊吃乳，引起消化器官及其他疾病。要注意仔细观察，同时将产羔前的准备做好。

（一）产羔前的准备

1. **棚舍、产房的准备** 羊一般都在冬季和早春 1～2 月产羔，因为这时天气都比较寒冷，为了预防感冒及羔羊肺炎等疾病的发生，必须要做好产房的防寒保温工作。产房应明亮、宽敞，保持干燥、清洁和良好的通风。为使地面干燥，应在产羔前 3 天对运动场、饲草架、饲槽、分娩舍、分娩栏等进行清扫，并用 10%～20% 的石灰乳或 3%～5% 的氢氧化钠溶液进行彻底的消毒。舍内应备有水壶、火炉等。

一定要掌握好冬季的产房温度，比温度的高低更重要的是较恒定的温度，但为了避免羔羊冻死和感冒，冬季产房温度不能过低。10℃左右是最适宜的温度。潮湿的产房容易出现各种问题，所以要保证产房的干燥。为了保证温度同时降低湿度，在冬季产羔时，可将大的产羔舍用草帘子分成几个小的产羔舍，也可用草帘子做天棚，

同时要经常更换垫草。应特别对用棚做的产羔舍加以注意，为了防止母子感冒，必须防止冷风侵袭。

2. 用具和药品准备 必须在产前准备好一切药品和用具，如检查消毒药品和产科器械是否齐全有效，工作人员卫生用品数量是否足够（如肥皂、手套、毛巾）。要准备好称重、标记和照明灯泡，也应必备哺乳等工具。

另外，将母羊和羔羊的饲料准备好，特别是准备好多羔用的乳品。

（二）分娩征兆

母羊在分娩前，机体的某些器官在形态学和组织学上都会有显著的变化发生；为了适应胎儿产出和新生羔羊哺乳的需要，母羊的全身行为也与平时不同。根据全面观察这些变化，往往可以对分娩时间进行大致预测，以便做好助产准备。

1. 乳房的变化 乳房在分娩前迅速发育，腺体充实，临近分娩时，可从乳头中挤出少量初乳或少量清亮胶状液体，乳头变粗增大。

2. 外阴部的变化 临近分娩时，阴唇逐渐肿胀、增大、柔软。皮肤稍变红，阴唇皮肤上的皱襞展开。阴道黏膜潮红，黏液由浓厚黏稠变为稀薄滑润，频繁排尿。

3. 骨盆的变化 骨盆的耻骨联合，骨盆两侧的韧带以及荐髂关节活动性增强，在尾根及其两侧松软、凹陷。将尾根用手握住并做上下活动，感到荐骨向上活动的幅度增大。

4. 行为变化 母羊食欲减退，精神不安，时起时卧，回顾腹部，不断努责和鸣叫，腹部明显下陷，应立即送入产房。

三、接产

（一）接产操作

在正常的情况下，应让母羊自己把羔羊产出。产出后，掏出并擦干净羔羊的口腔、鼻和耳内的黏液。让母羊自己舔净羔羊身上的黏液，这样有助增强母子的亲和感。如果母羊的母性较差，可在羔羊身上撒一些麦麸或将羔羊身上的黏液涂到母羊嘴上，以引诱母羊舔羔羊。

一般羔羊出生后，都能自行扯断脐带，接产人只需将脐带断头用碘酊消毒便可。如果不能自行扯断脐带，接产人可将脐带在离羔腹部2厘米左右处扯断，并对断头消毒。

母羊分娩约1小时后，便能将自然脱落的胎衣排出体外。为了避免养成母羊吃子的恶习，一定要将排出后的胎衣及时捡出或深埋，不要让母羊吞食。

（二）难产的处理

在母羊分娩时，常因其阴道过小、胎儿过大、母羊体弱或骨盆狭窄，以及胎儿的胎位不正等原因，造成难产。一般在胎水破出30分钟后，羔羊产不出来、母羊出现无力努责时，即应实施助产。

胎位不正时，可垫高母羊的后躯，将露出的羔羊的部分身体送回子宫内，手随之进入产道，校正胎位，再将胎儿随着母羊的努责节律拉出。羔羊的双蹄向下，抱着头与露出阴门才是正胎位的表现，

否则均是不正的胎位。

生产管理中有很多种胎位不正的情况，随之就要采取不同的处理方法。如果是因为胎儿过大而导致的难产，可以拿住羔羊的两前肢，慢慢将胎儿拉出一部分然后再送入，如此反复几次，然后再一手扶住羔羊头，另一手拉住羔羊的两前肢，随着母羊的努责，慢慢向后下方拉出。切记操作时不能用力过猛，如果胎儿无法产出，应实行剖宫产。

四、产后母羊的护理

在分娩过程中，母羊要消耗大量体能，新陈代谢机能下降，失去水分多，抵抗力减弱。如果这时对母羊护理不当，不仅会造成缺奶甚至绝奶，还会影响母羊身体的健康，使生产性能下降。

对产后母羊的护理，应避免受风和感冒，注意防潮、保暖；要保持产圈的清洁、干燥和安静。应在产羔后的 1 小时左右，给母羊饮 1 ~ 1.5 升浆水或温水，切忌喝冷水。同时要喂饲少量的粗饲料或优质干草。为了避免发生乳房炎，尽量不要在头三天喂食精饲料。饲喂精饲料时，要先少喂，然后逐渐增多。可以随着羔羊吃初乳的结束，将精饲料的量逐渐增至预定量。

五、羔羊的护理

羔羊出生后，抵抗力低，适应能力差，体质弱，容易生病。所以，提高羔羊成活率的一个关键就是对初生羔羊的护理。通常，刚出生 10 分钟左右的羔羊就能自己站立起来，并开始寻找乳头吃奶。接产人员应协助羔羊找到母羊的乳头，以帮助羔羊早吃上初乳，同时还要协助羔羊吃好吃足初乳。母羊的初乳含有丰富的抗体和营养物质，可以有效提高羔羊的免疫力。因此，必须确保羔羊吃 3 天以上初乳，这对羔羊的成活有重要作用。

羔羊到 2 周龄时，应该喂给牧草或干草等青绿饲料；虽然到 4 周龄时已经会吃草、料，但消化吸收草、料的功能不强，所以必须加强照顾和护理初生的羔羊。应及时为母羊缺奶或失去母亲的羊羔找保姆羊，或实行人工哺乳。如果找的保姆羊不让寄养，就可以在过哺羔羊的身上涂抹一些保姆羊的尿液或乳汁，然后让保姆羊嗅闻，接着实行人工辅助哺乳，如此几次后，就可以让保姆羊接受羔羊吃奶了。实行哺育羔羊或人工补乳时，一定要进行严格消毒并要注意乳的浓度，同时还要做到定温（以 38 ~ 42℃ 为宜）和定时。一般为产后的 7 天内，每小时喂 1 次，以后逐步改为一天哺乳 8 次；到产后 20 天时，4 个小时哺乳 1 次，直至羔羊离乳。每次应掌握从少到多的喂量原则，每次对产后 7 天内的羔羊哺喂 170 克奶，逐渐增加每次喂奶的数量。

在出生 4 ~ 6 小时后，羔羊就会开始自行排泄胎便。要尽量使羔羊及时排出胎便，以便促进羔羊的正常生长，黄褐色的黏稠便是正常的胎便。如果羔羊在产后 24 小时仍不排出胎便，就可以视为不正常，要想办法使其将胎便排出。

要将母羊和产后的羔羊一起送到分娩小圈内进行 5 天左右的哺

育。如果羔羊生长发育正常，7～10 天就可以让其吃草、吃料。应在生后的 15～20 天起，就用混合精料补饲羔羊，一般开始时每天每只羔羊 50 克。应随着羔羊生长和营养需要的逐渐增加而逐渐增加混合精料的喂量。通常是每周加量 1 次，60 日时应加到 250～300 克。

六、异常情况处理

（一）假死羔羊的处理

羔羊产出后，表现发育正常，心脏有跳动，但不呼吸，这种状况称为假死。羔羊假死主要是因为母羊子宫缺氧、分娩时间过长，或因羔羊过早地呼吸而吸入羊水，或因羔羊受冻造成的。羔羊出现假死时，应立即采取以下两种办法，使其尽快地复苏：一是让羔羊仰卧，用双手有节律地推压其胸部两侧；二是提起羔羊两后肢，使其悬空倒挂，轻拍击其背、胸部。在经过这两种办法处理后，一般属于短时假死的羔羊都能苏醒。应将因受冻而致假死的羔羊立即移入暖室，放入 38℃的温水内，使其头露出水面，然后将水温逐渐升至 45℃，浸泡 20～30 分钟后，羔羊便可以复苏。

（二）子宫脱出

子宫脱出是指子宫的一部分或者全部翻转到阴道内或者脱出到阴道外。大多数子宫脱出发生在产后 6 小时内，经产母羊常在产后 14 小时内发生。子宫脱出主要由于助产时拉出胎儿过猛过快、母羊产羔努责过强、子宫及产道发生迟缓所引起。

1. 子宫脱出的表现 病羊常表现出食欲减少或废绝，精神沉郁，喜卧地，拱腰努责，呼吸及脉搏增快。

2. 应急处理 必须及早对子宫脱出的羊施行手术整复。如脱出过长时间，无法送回时，要进行切除子宫的手术。整复的方法是先去掉子宫表面污染的泥土、杂草，后用 0.1% 的高锰酸钾水充分冲洗。如果黏膜水肿，可用针刺后冲洗消毒，然后在后海穴（即尾根与肛门中间凹陷的小窝部位）注射 2% 普鲁卡因，最后将子宫用消毒纱布裹紧。将子宫缓慢送回原位，待患羊不努责后将手臂与纱布一起退回，并注射青霉素液于子宫内。对习惯性脱出者，在其阴门四周做烟包减张或用纽扣法缝合。

（三）胎衣不下

羊产后 4～6 小时，胎衣仍排不下来的疾病称为胎衣不下。该病多因饲料中缺乏钙盐、维生素，饮饲失调，孕羊缺乏运动，体质虚弱引起。此外，布氏杆菌、子宫炎等也可致病。有报道，羊缺硒也可致胎衣不下。

1. 胎衣不下的表现 病羊常表现食欲减少或废绝，精神较差，喜卧地，体温升高，拱腰努责，呼吸及脉搏增快。胎衣久久滞留不下，可发生腐败，从阴户中流出杂有灰白色未腐败的胎衣碎片的污红色腐败恶臭的恶露。部分胎衣从阴户中垂露于后肢跗关节部时，是全部胎衣不下的症状。

2. 应急处理

（1）药物疗法 在分娩后不超过 24 小时内，可对病羊用催产素注射液、垂体后叶激素注射液或麦角碱注射液 0.8～1 毫升，1 次肌

肉注射。

（2）手术剥离法　如果用了药物法后超过 48~72 小时不见效的，应立即采用手术剥离法，宜先将病羊保定，消毒及按照常规准备后，进行手术。术者一手将阴门外的胎衣握住，稍向外牵拉；另一手沿着胎衣表面深入子宫，可用食指和中指将胎盘周围的绒毛夹住成一束，用拇指将母子胎盘相互结合的周围边缘剥离开，剥离半周后，手向手背侧翻转以扭转绒毛膜，使其从小窦中拔出，与母体分离。最后宫内灌注防腐消毒药液或抗生素，如将 2 克土霉素，溶于 100 毫升生理盐水中，注入子宫腔内；或注入 30~50 毫升的 0.2% 普鲁卡因溶液。

（3）自然剥离法　不借助手术剥离，而辅以防抗生素或腐消毒药，让胎膜自溶排出，达到自行剥离的目的。可将土霉素（0.5 克）胶囊投放到子宫内，会有较好的效果。

第五节 提高肉羊繁殖力的途径 〉〉

一、加强选育、选配

（一）种公羊选择

从繁殖力高的母羊后代中选择培育公羊。要求体形外貌健壮、标准，雄性特征明显，睾丸发育良好并通过后裔鉴定、精液质量检查等措施，发现和剔除不符合要求的公羊。

（二）母羊选择

不断从多胎母羊后代中选择优秀个体，并注意其泌乳、哺乳性能，也可根据家系选留多胎母羊。

二、增加可繁母羊比例

每年都要对羊群进行清理，及时将老龄羊和不孕羊、出栏不留用的小公羊和小母羊淘汰，使羊群中 3～4 岁母羊的比例达到 55% 以上，可繁母羊数量越多，所占比例越大，就越有利于提高繁殖率。

三、加强营养

营养状况直接影响公羊精子生成，对母羊的胚胎早期存活也有很大影响。所以在配种前及配种期，应给予公母羊足够的蛋白质、维生素和微量元素等营养。当母羊体况差时，就会降低为胎盘提供葡萄糖的能力，会使胚胎长期发育不良，甚至造成在着床前胚胎就已经死亡。缺乏某些微量元素也会使繁殖性能的各种基本功能产生影响。有人曾试验，在配种前的 15 天内每天都用混合精料（玉米75%）进行补喂，连续补喂 2 个月，发情期母羊的受胎率提高了29.97%；饲喂含硒、锌和铜等复合添加剂，母羊的受胎率提高10%，鬐育率提高 10%。将母羊的营养水平在配种前 2~3 周适当提高，可以提高母羊的发情率和排卵率。

繁殖性能受维生素的影响也比较大。如母羊体内缺乏维生素 A时，就会延迟性成熟，容易使卵细胞生长发育困难，即使卵细胞能够发育到成熟阶段，也有受精能力，但往往会出现流产的情况，不流产，产下的羔羊也会体质虚弱。如果公羊体内缺乏维生素 A 时，会对精子的形成产生影响，也会使已形成的精子发生死亡。

机体缺乏维生素 D 时，除血钙血磷低于正常水平，肠道吸收钙、磷减少及成骨过程发生障碍外，还会推迟发情日期，抑制母畜发情征候。

机体缺乏维生素 E 时，会加速体内的氧化过程，增加氧化产物积累，并对繁殖机能产生不良影响。母畜缺乏维生素 E，则出现受胎率下降，胚胎和胎盘萎缩，常发生流产；公羊缺乏维生素 E，则出现睾丸萎缩，曲细精管不产生精子。

四、选留多胎母羊及其羔羊

提高多胎性的一个重要途径是：选留第 1 ~ 2 胎产羔多的母羊，其以后胎次的产羔率也比较高；再选留其所生的多胎羔羊留种，将来的多胎性也高。

五、频密产羔

要缩短常年繁殖的母羊的空怀期，使母羊间隔 6 ~ 7 个月产 1 次羔，争取让其一年两产或两年三产，给羔羊断奶可以适当提早，由 4 个月改为 2 ~ 3 个月断奶，使母羊早发情配种。还可以将母羊的初配年龄适当提早，以增加母羊一生的产羔数量。频密产羔是有效增加羔羊数量的方法，但必须对母羊和羔羊都加强饲养管理。

六、导入多胎羊血液

选择单胎品种的母羊与多胎品种的公羊配种，其所生后代具有多胎性，可以将以后的产羔率提高。如果在同一品种内，用多胎公

羊作种羊也有同样效果。

七、药物催情

按照一定的程序，对母羊用生殖激素类药物进行处理，使之在预定的时期内发情。

（一）激素催情法

1. 阴道深部激素埋植法　将浸有 40～60 毫克孕激素甲孕酮（甲羟孕酮片）、40～50 毫克甲地孕酮、30～40 毫克甲基炔诺酮（高诺酮）、20～30 毫克氯地孕酮、30～60 毫克氯孕酮，或者 150～300 毫克孕酮的海绵置于子宫颈外口处 14 天，用棉线将海绵扎好，外阴口部位能看见留下的棉线即可，将海绵于 14 天后拉出。停药后注射 400～500 单位的孕马血清，一般经过 28～32 小时后就可以发情，在发情的当天和次日自然交配 2 次以上或各输精一次。应该注意的是必须对栓塞进行彻底消毒，而且要根据羊的大小来决定栓塞的大小。

2. 口服法　在每天的饲料中拌入上述药物，连喂 12～14 天，用药量为阴道海绵给药法的 1/5，停药的当天肌注 400～750 单位的孕马血清促性腺激素。

3. 前列腺激素法　可以向结束发情数天的母羊子宫内灌入，或肌注前列腺激素，2～3 天即可发情配种。

4. 注射法　静脉注射 100～750 单位的绒毛膜促性腺激素。

5. 埋植法　使用兽医埋植枪，将适量激素（常用甲地孕酮、甲孕酮、孕酮），埋植在母羊耳根皮下。10～20 天后，肌肉注射 400～

750 单位的孕马血清促性腺激素，可使母羊在 2~3 天后就发情。激素埋植法技术简便易行，且安全可靠，有效率达80%以上。

（二）人工诱导法

1. 假公羊法　成年母羊群中放入 1 只正处于发情、寻求交配的母羊。由于求偶的冲动，会使母羊忘乎所以地以公羊的姿态追逐、爬跨母羊，并会做公羊交配动作。受到假公羊诱导刺激后的母羊，可陆续进入发情状态。

2. 形体诱导法　公羊群中有意放入不发情的母羊，让公羊追逐、爬跨，可有效促使母羊发情。

3. 精液诱导法　取 1~2 毫升健康公羊的精液，经 3~4 倍冷开水稀释后，用注射器向母羊鼻孔喷雾注入，一般情况下隔 4~6 小时后就会出现发情表现，12 小时可以达到发情高潮。

八、诱产双胎、多胎

将母羊的生理生殖环境通过人为手段改善，促使母羊每窝产双羔或以上羔羊。诱产双胎、多胎的方法如下。

（一）补饲催情法

在配种的前 1 个月，提高母羊营养水平，改善日粮组成，特别是将蛋白饲料补足。通过补饲手段，既能使母羊的发情率提高，又能使一次的排卵数量增加，诱使母羊多产双胎甚至多胎。

（二）激素途径

此途径与超数排卵处理一致，其处理方法也是先将母羊试情，并于发情周期的第 12 或 13 天皮下注射 600 ~ 1100 单位的孕马血清促性腺激素（PMSG）。

九、适时配种和多次配种

母羊发情持续期短，为了防止漏过发情期，要适时进行配种。实践证明，受胎率最高的配种时间是在配种季节开始后的 1 ~ 2 个发情期，其所生羔羊的双胎率也高。一些高产母羊虽然排卵的数量多，但通常不是同时成熟排出，而是陆续排出，所以要进行多次输精或配种，如采用双重交配、重复交配和混合输精，使所排出的卵子都有机会受精，就可以使产羔率相应提高。

第七章

肉羊的育肥技术

育肥前的准备

肉羊育肥是一项技术性较强的工作。要想获得满意的育肥效果，在生产实践中，必须根据当地的社会经济状况、自然环境特点和育肥者自身的具体情况以及畜牧资源条件，选择适宜的育肥对象与育肥方式，配备必要的养羊设施，科学地配制日粮，严格地按程序操作。

应在肉羊育肥前做好如下准备工作。

一、饲草料的准备

肉羊育肥的物质基础是饲草饲料。育肥户要保证育肥期内均衡供给饲料，就要根据实际养羊规模，做好饲草饲料供应计划。具体的饲草料预算可参考表7-1。

表7-1 育肥羊饲草料需要量参考标准（单位：千克）

饲料种类	淘汰母羊	羔羊（体重≥20千克）
干草	1.2～1.8	0.5～1.0
玉米青贮	3.2～4.1	1.8～2.7
谷类饲料	0.34	0.45～1.4

生产管理中可以将饲料分为精饲料和粗饲料两大类。各种青干草、麦秸、玉米秸、大豆秆等农作物秸秆都属于粗饲料。脱毒后的棉籽壳也可作为育肥羊的粗饲料。

此外，具有多汁性果蔬加工残渣如番茄皮渣、甜菜渣、果渣以及豆渣、酒糟等糟渣类加工副产品也可作为绵羊育肥的辅助饲料。将这些辅助饲料与质地粗糙的秸秆类饲料混合后，可以降低饲料成本，同时还可以改善适口性、增加采食量、提高育肥效果，增加收益。关于精饲料与粗饲料的具体加工方法，请参阅本书第四章第四节，关于常用饲料及加工调制方法的相关内容，此处不再赘述。

二、育肥场、圈舍的准备

（一）育肥场、圈舍的建设

半舍饲及舍饲育肥，都需要圈舍。

须根据当地自然气候条件、育肥规模以及资金状况、机械化程度等来规划建设圈舍的大小与结构。羊舍建得是否合理，会影响到羊只育肥性能的发挥。

应在交通方便、远离交通干线（1000 米）、远离居民聚居区和污染源（医院、屠宰场 3000 米），地势高燥、通风良好的地方选择建设肉羊育肥场。

规模化及标准化的育肥场应分饲料贮存区、生产区、粪便堆放处理区和办公生活区。圈舍设计与建设以双列式、便于机械化饲喂为宜。

关于圈舍的具体内容，请参阅本书第三章"养羊的场舍与设施"的相关内容，此处不再赘述。

（二）圈舍的消毒处理

为了防止羊群在育肥期间暴发疾病，育肥前要对羊舍和饲具进

行彻底的清扫和消毒。消毒方法有以下几种。

1. 喷雾消毒　用2%的克辽林溶液或5%的来苏水，对圈舍地面和墙壁进行喷雾消毒。以地面潮湿而无积水，墙壁表面无干斑、水不下流为度。

2. 熏蒸消毒　福尔马林（40%的甲醛溶液）熏蒸法。甲醛在高锰酸钾催化剂或加热的作用下，会产生强烈刺鼻的气体，使病菌吸入后导致其死亡。消毒彻底、成本低是这种方法最大的优点，特别适合对曾经养过其他牲畜的旧圈舍或土坯房的消毒。

具体的做法：先密封欲消毒羊舍的所有透风处（如墙上窟窿、门窗及其缝隙、天窗、通风孔等），然后根据羊舍的形状与大小，将盛有适量高锰酸钾（PP粉，10克/立方米）的器皿（如瓷碗、罐头盒等）均匀地摆放于舍内，之后迅速将各器皿内倾入事先准备好的福尔马林（250毫升/立方米）（注意：因为这种反应会很快产生气体，所以要由内向外退着来），退出门外后，立即将门关闭密封。待24~48小时后，将所有门窗和通风孔打开，连续通风48~72小时，直到室内乃至墙角处都闻不到强烈的刺鼻气味时，才能让羊只进入。

3. 石灰水消毒　在100千克的水中溶入10~15千克的生石灰，用喷雾器汲取上清液，对圈舍地面和墙壁进行喷洒。

4. 草木灰消毒　这种方法适合于条件差、地区偏远的农户。具体方法是将野草或其他草类烧成灰，平铺在要消毒的地面上，然后洒上水即可。

三、育肥羊的准备

（一）育肥羊的选择

在做好上述饲料与圈舍的准备之后，育肥场（户）即可根据市场需求、羊源状况和自己的能力，确定自己育肥羊的品种、年龄等，选择和购进羊胚子。

（二）育肥羊的准备

1. 分群分圈　为了克服因品种、性别、年龄、体格、体重大小产生的对饲料需求量的差异而导致育肥效果上的悬殊差异；避免"弱肉强食"，确保每只羊吃饱吃足、发挥其增重潜力，提高整体增长水平和效益，需要进行分群分圈。

为此，必须按品种、性别、年龄、体格、体重大小对进圈育肥羊进行分群、分圈。育肥羔羊的年龄上下相差不能超过 15 天、体重相差以不超过 3 千克为宜；对于成年淘汰羊的分群，主要以体格和体质来区分。

先品种，后性别，再年龄，最后是体格体重，这是分群的顺序。也就是最后根据体格大小对同品种、同性别、同年龄的羊只进行分群。如果体格体重相近，就可以对年龄限制放松一些。

2. 接种驱虫　如果羊只是从外地购入的，必须要保证其来源地为非疫区，而且要有当地兽医部门的检疫和签发的检疫合格证明书；到达目的地后，要经过所在地兽医验证、检疫并隔离观察 1 个月以上，确认为健康者后，还要经过消毒、驱虫、补充注射疫苗后，方可混群饲养。

（1）接种　接种疫苗能够激发羊体产生特异性抗体，使其对某种传染病具有免除感染的能力。有效地控制传染病发生和传播的一个重要措施就是有组织有计划地进行免疫接种。主要有以下几种疫苗用于育肥羊的生产中。

①口蹄疫疫苗：口蹄疫（5号病）是一种传染力极强的人畜共患病。如果育肥羊是从外地购入的，则必须要对其注射口蹄疫疫苗，并且要确保不落一只，免疫率达100%。还要注意应对自繁自养的羊定期进行免疫接种。没有接种口蹄疫疫苗的，应到当地兽医部门申请免费领取，补充接种（使用方法见其说明书）。

②肠毒血症疫苗：如果已经对产前的母羊注射过肠毒血疫苗，出生的羔羊就可以得到免疫；若产前没有给母羊注射过疫苗，应在羔羊断奶前进行预防接种。

③布病疫苗：布氏杆菌病一旦感染则终身不能根除，属于人畜共患病。一旦发现有感染的，必须就地宰杀深埋或焚烧。目前布病有很高的发病率，为了预防人畜感染，有条件的应进行接种。

需要强调的是，育肥场（户）一定不能抱着侥幸的心理——认为育肥期比较短，接不接种预防都无关紧要。如果中途一旦暴发就将造成巨大损失，若不幸传染给人，将终身遗憾。切忌因小失大！

（2）驱虫　寄生虫是养羊生产中常见和危害特别严重的疾病之一。在野外放牧的羊几乎都会携带和感染寄生虫。因此，不管是购进羊还是自繁羊，都必须在育肥前进行驱虫。否则，羊所食入的营养就会被寄生虫消耗掉，就会出现"只见吃食，不见长肉"的情况。

驱虫净、丙硫咪唑、虫克星（阿维菌素）等是目前常用的驱虫药物。其中使用效果较好的是阿苯达唑（抗蠕敏），口服剂量为每千克体重15~20毫克，对吸虫、绦虫、线虫等都有较好的效果；虫克星（阿维菌素）有片剂、粉剂和针剂等类型，是目前被公认为较好的驱除新药，它具有取出体内外寄生虫的双重功效。

（3）药浴　清除羊体外寄生虫的最常见的有效方法之一就是药浴。对育肥羊在育肥前进行剪毛药浴非常有利于育肥增重，还能减少羔羊在天热时扎堆拒食和蚊蝇骚扰的现象。

一般剪毛后 7~10 天进行药浴，一周后重复药浴一次。

池浴和喷淋式是目前主要的药浴方法。要根据羊只数量和场内设施条件来确定具体选择哪种方法。一般在较大规模的羊场普遍采用药浴池。小型个体育肥户或条件差的羊场，可用大缸或大锅对羊进行药浴。

肉羊药浴时应注意如下事项：一是药浴前 8 小时停止饲喂，入浴前 2~3 小时给羊饮足水，以免羊吞饮药液中毒；二是让健康的羊先浴，有疥癣等皮肤病的羊最后浴，以免病羊传染健康羊；三是要注意羊头部的药浴，无论采取何种方法药浴，必须要把羊头完全浸入药液 1~2 次，以免因局部漏浴留下病源，再次扩散传播；四是药浴最好隔 1 周再进行 1 次，残液可泼洒到运动场或羊舍再次利用；五是药浴后的羊应收容在宽敞棚舍或凉棚内，过 6~8 小时后方可喂草料或放牧。

如果羊群在购进前已经进行过药浴，则可省去此过程。当然，为确保万无一失，育肥者购进羊后再进行一次药浴也无不可；当年羔羊不必药浴。

另外，为了避免多次抓羊徒增劳动量以及对羊造成伤害和干扰，可以安排好程序，组织足够的人力，争取做到"一次抓羊，全部完成"。建议程序：药浴→称重→驱虫→接种→分群。

3. 分圈饲养，适应观察　应该对分群以后的羊只进行分圈饲养，饲养管理要设置固定专人。但此时还在准备期，须观察羊只对日粮、育肥环境以及管理程序等的适应情况。

育肥羊一般需要 7 ~ 10 天的适应期。如果绝大多数的羊都表现正常，则可以进入正式育肥期，按预先设计或选用的日粮配方配制饲粮，足量饲喂；如果发现少数或个别的羊只有异常表现，则要从羊群中将其分离出来，进行集中、单独管理或治疗。

四、育肥期、日粮配方的确定

（一）育肥期的确定

育肥天数就是所谓的育肥期。主要根据羊的增重规律，同时考虑饲料储存与供给能力、市场供求情况来决定育肥期的长短。

对于适应性强的老龄淘汰母羊，可用高精料进行短期舍饲加强育肥，30 ~ 40 天即可出栏。羔羊的育肥期一般需要 60 天，相对于淘汰母羊，要长一些。对于体格和体重大的（≥30 千克）当年羔羊，育肥 40 ~ 50 天即可；对于体格和体重较小（≤20 千克）的，应不少于 60 天的育肥期。细毛羔羊至少需要 60 天以上的育肥期，而杂交或肉用羔羊则较之提前 10 天左右。母羔要比公羔的育肥期稍微长一些（一周左右）。

如果贮备的饲料充足的话，应尽可能做到足期育肥，让羔羊的增肉潜力发挥到最大限度，从而使羊肉产量增加。当然，如果市场羊肉紧缺、价格好或饲料贮备不足，也可将育肥期缩短，提前出栏。

（二）日粮配方的确定

日粮配方的确定要结合当地饲料资源与供给情况来选择或制定，同时，羊胚子的品种、年龄、性别、体重等因素对日粮配方的确定也会有一定影响。前者是根据羊只情况，结合经验通过科学计算制定的全价配合日粮。后者则为经验配方，广大育肥户均采用之。标准化规模育肥场须采用后者。

通常在不同的育肥期也会制定不同的日粮配方；当然也可以全期使用一个配方而通过调节精粗比例及精饲料给量不同来实现营养全额供给。

日粮配置请见本书第四章相关内容，此处不再赘述。

第二节 肉羊高效育肥关键技术 》》

一、选好品种

不同的品种或类型有不同的遗传性能，而且在相同的饲养条件下，不同品种或类型表现出的生产性能也各不同。大量的实践证明，不同用途的羔羊品种，其育肥效果的差异非常明显（表7-2）。

表7-2 不同类型羔羊育肥效果比较

类型	育肥初重（千克）	育肥末重（千克）	育肥期（天）	日均增重（克）
肉用型	21.9±1.3	38.2±1.9	60	275±19
兼用型	21.3±1.7	38.4±1.8	60	248±28
毛用型	21.7±1.8	35.7±2.1	60	207±29

就日增重而言，其排列顺序为毛用型（细毛羊）<兼用型（如肉用细毛羊、杂交肉羊）<肉用型（如肉用羊、粗毛羊）。此外，杂交肉羊由于不同的杂交组合，也会导致其育肥效果不同（表7-3）。

表7-3 不同杂交组合2~3月龄羔羊育肥效果比较

组合品种	断奶日龄	育肥初重（千克）	育肥末重（千克）	育肥期（天）	日均增重（克）
道细 F_1	60	22.61	40.39	60	254
萨阿 F_1	60	25.03	41.17	60	269
道阿 F_1	60	25.38	40.65	60	255
细毛羊	60	18.64	30.29	60	196
阿勒泰	60	22.47	35.25	60	213

应当指出的是，杂交羔羊不但肉质很好，而且育肥的效果也非常好。例如，用阿勒泰羊与引进的肉羊品种萨福克、道赛特进行杂交，其杂交后代（萨阿F1、道阿F1）皮下脂肪厚度和胴体脂肪含量降低、尾脂减小，而肌间脂肪含量及氨基酸、不饱和脂肪酸含量和肌肉嫩度都有明显的提高。

以本地羊作母本、良种肉用羊（道赛特、萨福克和德国美利奴）作父本杂交所得羔羊除了具备父本生长发育快、肉质好、个体大的优势以外，还吸收了母本耐粗饲、抗病能力强、有较强的适应能力等生产性能。农牧户可以根据当地饲草料资源状况、技术力量、经济状况、养殖水平及羊的品种资源等因素选择适合当地的肉羊杂交模式，将杂交优势充分利用，育肥后的杂交一代可以全部用在商品生产上。

二、注意性别

性别对育肥效果的影响主要是由动物体内激素的分泌量和激素类型引起的。随着年龄的增长，公羔出生后体内的雄激素分泌水平会急剧增加，直到性成熟。因为雄激素对肌肉生长有促进的作用，所以前期生长较快；而母羔在出生后其性腺发育主要依靠雌激素的作用来促进，所以相对来说性成熟较早，但采食能力与体质都相对较弱，生长速度相对较慢（表7-4）。

表7-4　性别对育肥增重的影响

组别	性别	体重（千克）	增重（千克）	育肥期（天）	日均增重（克）
大	公羔	15.0	14.5	40	361.8
	母羔	14.1	10.8	40	271.5
中	公羔	11.6	12.6	40	316.3
	母羔	11.8	10.7	40	276.8
小	公羔	9.4	11.0	40	275.0
	母羔	9.7	10.5	40	261.5

8~10月龄的公羔基本已经性成熟。因此，不管采用什么育肥方法，只要其出栏时未达到性成熟年龄，都无需为其去势，以免影响育肥增重。因为去势后的羯羔，需要一段时间对机体的内分泌系统重新进行调整，这样势必会使育肥期延长，从而降低增重、加大饲养成本。

三、控制年龄

成年羊（老龄淘汰母羊和种公羊、周岁以上的羯羊）的生理已

进入体成熟或机能下降阶段。其育肥过程的增重除了沉积一些脂肪与现有肌细胞容积的扩大外,并没有肌肉的增长,而且肉质也已经老化、适口性较差。羔羊则与上述羊存在着很大不同,羔羊的快速生长期在 1~8 月龄,肉用羊羔 3 月龄时就可达到一周岁羊体重的 50%,6 月龄能达到 75%。这一时期,主要是肌肉细胞的扩张与急剧增加,主要长的就是肌肉。因此,幼龄羊的增重要比老龄羊快很多,容易取得较好的育肥效果、经济效益高。

四、选好胚子

用来进行育肥的淘汰羊或架子羊就是所谓的羊胚子。体格、体重、体质发育、精神状况等因素是衡量指标,其中体重是主要的衡量指标。实验表明,日粮配方和饲养管理条件相同,同样是粗毛羔羊,但育肥初重不同的羔羊其育肥期日均增重会有显著的差异。所以,选购羊胚子时要选择体格强壮、体重大、皮薄松软、背毛光亮、两眼有神的。

一般要求,早期断奶羔羊≥20 千克,不能低于 15 千克;自然放牧常规断奶的 6~8 月龄羔羊育肥初重≥30 千克。

五、制定适宜的日粮配方

日粮的结构和营养水平都取决于饲料配方。在一定限度内,育肥日增重与饲粮营养水平呈正相关。营养水平根据饲料配方的不同而各不相同,即使饲养标准和饲料种类都相同,也会因各类饲料在配方中的不同配比而对营养物质的消化吸收产生影响,从而影响育肥的日增重。

六、确定适宜的育肥期

应在羔羊增重规律的基础上确定育肥期。在育肥过程中，不管什么品种或类型的羊，其日增重基本都呈"S"曲线。即羔羊在育肥过程的前期能较快增重（曲线较陡），到达高峰后维持一段时间（曲线平稳），之后就开始下降。这时，其从采食饲粮所获取的营养物质用于增重的部分减少，用于维持的部分增大，从而降低了饲料报酬。

因此，为了减少维持消耗，获取较高的经济效益，应在日均增重开始下降时结束育肥、准备出栏上市。

七、添加剂的使用

饲料添加剂是现代高效畜牧业发展的产物，对现代畜牧业特别是舍饲养殖业的发展起到了不可或缺的重要作用。添加与不添加饲料添加剂的育肥羊，其效果有很大的不同。适用于肉羊育肥的添加剂既有复合的、也有单一的，常见的有维生素微量元素复合添加剂、饲用酶制剂、微量元素添加剂、氨基酸添加剂及微生态制剂等。

第三节 不同年龄羊育肥技术 》》

一、哺乳期羔羊育肥技术

生长发育快、胴体组成部分的增加大于非胴体部分（如头、蹄、毛、内脏等）、脂肪沉积少、瘤胃利用精料的能力强等是羔羊早期生长的主要特点，故此时育肥羔羊既能得到最大的饲料报酬，又能获得较高屠宰率。但早期断奶羔羊育肥的缺点是规模上受羔羊来源限制，胴体偏小。这一技术方案的实质是不对羔羊进行提前断奶，将原有的母子对保留，隔栏的饲补水平提高，3 月龄后挑选体重达到 25 ~ 27 千克的羔羊出栏上市，达不到此标准体重的要继续留群饲养。目的是利用母羊的全年繁殖，在秋季和初冬季节安排产羔，供应节日时特许的羔羊肉。

挑选羔羊群中早熟性好、体格较大的公羔作为育肥羊。以舍饲为主，母子同时加强补饲。要求母羊要有较好的母性，泌乳多，哺乳期间在每日喂食的足量饲料中另加 0.5 千克精料，所喂的饲料主要是优质豆科干草。羔羊每天喂两次，并且要求及早开始，主要以谷物粒料为饲料，适量搭配豆饼，与早期断奶羔羊的配方相同，每次的适宜喂量以 20 分钟内吃净为标准。另外还可以给予上等苜蓿干草，由羔羊自由采食。如果干草的质量差一些，就要在日粮中添加蛋白质饲料，以每只50~100克为宜。

出栏体重要根据品种和育肥强度来决定，一旦达到了要求的育肥体重，就可以出栏上市了，一般在羔羊4月龄前都能达到要求。

二、早期断奶羔羊育肥技术

除留种外，要让断奶后的羔羊都进入育肥舍内进行育肥，这样生产的出栏羔羊叫"肥羔"。

如果实行的是6周龄断奶制度，可在断奶前两周将干草和精料的饲喂量逐渐增加。干草可用禾本科青干草和优质豆科（如苜蓿）。精料可由大麦、玉米和大豆饼组成，粗蛋白质含量应在16%以上。这样，羔羊在4周龄后会迅速增加对固体饲料的采食量，限制性哺乳结合补饲不会明显影响到断奶羔羊的早期生长速度。同时，应该继续为断奶后进入育肥期的羔羊提供同样的饲草料。

在饲喂断奶羔羊时，一般要把青干草放到饲槽内饲喂，每天每只羔羊需要80~100克。还要保证羔羊能随时采食精饲料，可将其放在饲槽或自动喂料器中投喂。可以用自动饮水器供羔羊饮水，但要在进入育肥舍之前就训练羔羊学会使用自动饮水器。必须每天清洗一次饲喂和饮水设备，也要每天清扫羔羊的运动场，并在运动场撒上适量石灰进行消毒，防止疫病发生。

能量和粗蛋白质的摄取量对羔羊生长发育最为重要。在集约化育肥场内，高能量与蛋白质饲料要提供充足，以期将羔羊的最大生产潜力发挥出来。当然，在提供蛋白质与高能量饲料的同时，也要提供优质青干草。可按日粮的8%~10%配给青干草。理论上，羔羊在不同的育肥阶段对蛋白质的需求量也各不相同（12%~16%），日粮中蛋白质的水平要根据增重的速度进行适时调整。但在生产中，

如果更换日粮过频容易引起采食量降低或者疾病，所以对羔羊育肥，可以采取两种不同蛋白质水平的日粮进行。即从断奶育肥的 6 周龄开始到 90 天用 16% 蛋白质日粮，90 天后到屠宰用含 14% 蛋白质的日粮。母羔对蛋白质的要求通常会比公羔低 2% 左右。可在育肥羔羊的体重达到 40 千克时，将蛋白质降低到 12% 以下。

羔羊采食量越大，则生长速度越快，饲料转化率越高。补饲维生素和微量元素混合物可显著提高生长速度。应用 TMR 日粮可取得最大的增重。维生素 A 在育肥羔羊的日粮中必不可少，要达到每千克饲料 5000 国际单位。一般精料中磷的含量都比较丰富，因此为了改善钙磷平衡，避免尿结石的产生，要注意补钙。

为了避免羔羊挑食和浪费，可以将精饲料制成 5 毫米左右的颗粒饲料，能使其适口性得到显著改善。在国外的羔羊育肥实践中，育肥效率在颗粒饲料的作用下能提高 7% 左右。因此，如果加工成本的增加能被收益抵消掉，最好还是使用颗粒饲料；如果入不敷出，则可将谷实碾成较小颗粒，然后和矿物质、维生素及豆饼等混合饲喂。

确定适宜的肥羔出栏时间也很重要。一般来说，羔羊的饲料转化率最高的时期为 6 月龄前。在 80 日龄前，日增重平均可以达到 450 克左右，料羔料肉比例为（5~6）∶1，料肉比为（3~4）∶1。如果饲养管理的条件适宜，6 月龄体重能达 50 千克左右。公羔羊的屠宰率时间要比母羔羊略微晚一些。如母羔羊在重为 28~33 千克时出栏，那么公羔羊则在重为 35~45 千克时出栏。瘦肉率与屠宰重呈反比，随着年龄的增加，也会使饲料的转化率降低。

三、晚期断奶羔羊育肥技术

要及时对断奶较迟（3~4 月龄）的羔羊进行育肥。一般将 3~4

月龄的断奶羔羊育肥出栏后称为"料羔"。无论是成年羊还是料羔育肥，在开始前，最好给它们足够的适应时间。同时，要将饲料、疫苗以及药浴设备等准备好。要在羊只转入前，对育肥舍进行全面的清扫和消毒。在转入后的头 2~3 天，要提供充足的中等质量的青干草和饮用水。可以在 2~3 天后进行分群。要将瘦弱羊或患病的羊与健康羊隔离开来。如果有条件，要对所有羊只进行驱虫和药浴，同时注射疫苗。注意，如果新转入的羔羊有较严重的应激反应，则不宜立即进行免疫和药浴。

育肥期可以分为前期、中期和后期三个阶段。育肥前期的饲料，要以青粗饲料为主，日粮粗蛋白质要达到14%，为了了解育肥羊的采食量和健康状况，最好进行人工投喂。饲喂 2~3 周后，要逐渐将饲料转换为育肥中期饲料。

育肥中期，应降低日粮的青粗饲料比例，必须要增加精饲料，粗蛋白质宜保持在13%。在育肥中期，日粮采食量应达到 1 千克，每只羊的食槽宽度要达到 25~30 厘米，第 1 周需要人工饲喂。1 周后，要将日粮渐渐过渡到育肥料。正式育肥期，可以把粗饲料的比例降低到30%左右，前期应保持粗蛋白质含量在13%，到后期降到12%即可。可用自动饲喂设备投放育肥料。羊的饮水量会随着育肥的进展而逐渐增大，自由饮水的羔羊生长快，采食量高，不易出现尿路结石和消化紊乱。

四、淘汰成年羊育肥技术

育肥被淘汰的老残羊，先要进行驱虫和免疫。对瘦弱的羊，为了促进其食欲，增加采食量，要对其投服健胃药物。因为育肥淘汰羊主要是增加其体脂，因此育肥期应该主要提供能量饲料。一般要求日粮的 30% ~ 60% 为粗饲料。如果用的是作物秸秆和农副产品，要将其铡短或制成草粉后饲喂。可以适当在混合精料的配方中增加玉米的用量，同时日粮中还要有一定数量的胡萝卜等多汁饲料。

第八章
肉羊常见疾病与防治

第一节 羊舍卫生 》》

为了减少病原微生物滋生和传播的机会，净化周围环境，要保持羊的圈舍的清洁、干燥；做到及时清除粪便及污物，并将其堆积发酵；饲草、饲料要保持新鲜，防止变质发霉；要用固定的牧业井，或用流动的河水作为饮用水，有的条件好的，可以建立自动卫生饮水处，要定期清洗水槽给水的地方，保证每天更换清水；此外还应注意防治鼠害及消灭蚊蝇等。

一般情况下，每年对羊舍清洗2次，春、秋各1次。要分两步进行清洗：第一步先进行机械清扫；第二步用消毒液消毒，常用消毒液有5%～20%漂白粉溶液、10%～20%石灰乳、5%来苏水、20%草木灰水、2%～4%氢氧化钠溶液和4%甲醛溶液等。要在产羔前对产房进行1次消毒。要将有消毒液的麻袋片或草垫放在病羊舍、隔离羊舍的出入口处，用10%克辽林溶液或2%～4%氢氧化钠消毒液进行消毒。

第二节 肉羊的主要寄生虫病及其防治 》》

一、体内寄生虫病

（一）肺丝虫病

羊的肺丝虫病是由各种小型肺丝虫或丝状网尾线虫（大型肺丝虫）引起的。在气管、支气管、细支气管或肺实质内寄生。羔羊比成年羊更易感染。

1. 临床症状　通常以慢性过程出现，多呈胸膜炎或肺炎症状。病羊开始时出现短的干咳，以后频繁咳嗽而强烈，精神不振；有时会从鼻孔流出黏稠的分泌物，呼吸困难；羊只消瘦，食欲缺乏，眼睑、唇、下颌、腹下、胸及四肢都会出现水肿，病羊往往会因为体弱而继发感染死亡。

2. 预防措施　增强体质，加强饲养管理。在流行区，每年在春、秋季节各进行一次预防性驱虫。采用药物预防：酚噻嗪，混入饲料内服用，成羊 1 克，羔羊 0.5 克，隔日喂一次，共喂 3 次。为了杀死幼虫和虫卵，将粪便堆积发酵。有条件的可以将羊转移到清洁的牧区。

3. 治疗方法

①1%盐酸依米丁注射液，每千克体重0.3毫克，肌肉注射，连用2次。

②左旋咪唑，每千克体重8毫克，一次口服；亦可每千克体重5~6毫克，肌肉或皮下注射。

③稀碘溶液（碘片1个、碘化钾1.5克、蒸馏水1500毫升），气管注射，每侧用量为：羔羊8毫升、1周岁羊10毫升、成年羊15毫升。

④敌百虫（美曲膦酯），每千克体重0.015克，配成10%溶液，皮下注射。

⑤氰乙酰肼，可按羊体重每千克取15毫克用蒸馏水配成25%的溶液做皮下或肌肉注射，成年羊用量一次最多不能超过1克。还可按羊体重每千克取17.5毫克混于饲料中喂给，也可加水灌服。

（二）羊肝片吸虫病

该病是由肝片吸虫在羊的肝脏胆管内寄生所引起的一种病。慢性或急性肝炎和胆囊炎是主要临床表现。该病常在多雨温暖的季节里发病，秋季往往会出现严重感染，在潮湿的年份则夏秋两季都会发生。长期在沼泽地带和潮湿牧地放牧的羊只，常会出现严重感染。临床上患该病的绵羊要多于山羊。

1. 临床症状　感染强度、动物健康状况、年龄及感染后的饲养管理条件等，决定了该病临床症状的表现程度，通常有大约50条虫时，出现的症状就会比较明显。如果成年羊体内有少数虫体寄生，往往不表现病状；但对羔羊来说，即使体内寄生的虫体不多，也可能呈现极其有害的作用。

（1）急性型病状　受到严重感染的羊只，会出现急性症状。病羊表现为食欲减退、虚弱和容易疲倦、轻度发热，放牧时离群落后。有的出现黄疸、腹膜炎、腹泻等症状。有的肝区有压痛表现，叩诊可发现肝脏浊音区扩大，还可以摸到增厚的肝脏边缘。发病后黏膜苍白，迅速贫血，有的患羊会在几天后就死亡。

（2）慢性型病状　表现为黏膜苍白，贫血逐渐加重，眼睑、颌下、腹下及胸下都会发生水肿，并逐渐严重，出现腹水和胸水现象。病羊消瘦，食欲消失，毛干易断。母羊患病后，乳汁稀薄；怀孕的母羊患病后会流产，临死前出现下痢。

2. 预防措施

①定期驱虫。

驱虫是进行预防和治疗的重要方法之一。根据该病在各地流行的特点来确定驱虫的时间，在我国北部地区，应每年进行两次驱虫，一次在冬末春初，可以减少动物在放牧时散播病原；另一次在秋末冬初，主要是预防动物冬季发病。

②注意饮水和饲料的清洁卫生。

③对于放牧育肥的羊只，要经常更换放牧地。

④应将家畜粪便进行发酵处理，以杀死虫卵。

3. 治疗方法

①硝氯酚，对60天以上的大片形吸虫有100%的驱虫效果，4～6毫克/千克体重，该药不溶于水，可用片剂口服，或拌于精料中喂服。该药用量小、毒性低、疗效高，是较好的驱片形吸虫药物。

②硫溴酚，山羊30～40毫克/千克体重，绵羊50～60毫克/千克体重，均一次内服。该药疗效高、毒性低，对杀灭寄生的幼虫有一定效果。

③阿苯达唑（抗蠕敏），18毫克/千克体重，一次口服，效果良好，对怀孕母羊没有任何不良影响。

（三）羊鼻蝇蛆病

该病是由羊的鼻腔及其附近的腔窦寄生着羊狂蝇的幼虫而引起的一种慢性疾病。病羊呈现额窦炎和慢性鼻窦炎症状。该病常见于我国东北、华北、西北及内蒙古等地区。

1. 病原　羊鼻蝇出现在春季到秋季期间，形似蜜蜂，在夏季最多，往往在炎热天气有活跃表现。雌蝇在羊的鼻孔周围产下幼虫，之后就会死亡。幼虫就会爬进鼻腔、鼻窦、额窦等处，有少数能进到颅腔内，发育为第 2 期幼虫，2 期幼虫仍在原处停留，继续发育为第 3 期幼虫。幼虫一般需要寄生在鼻腔内 9～10 个月，到第二年的春季，成熟后的幼虫就会向鼻孔爬出。当羊打喷嚏时，就将其喷落到地上，它会钻入粪堆或表土中化成蛹，经 1～2 个月后，蛹会羽化为成蝇。成蝇的寿命不超过 3 周。

2. 临床症状　在成蝇对羊鼻孔侵袭产幼虫时，往往会对羊群产生强烈的骚扰，对羊的休息和采食产生较大影响。山羊受害较轻，绵羊受害较重。

幼虫在羊的鼻腔等处爬行时，会以小刺和口钩对鼻黏膜造成损伤，从而引起发炎。刚开始，病羊流清鼻液，后期就成脓性鼻液，有时甚至带血。鼻液在鼻孔周围干涸后会形成硬痂，使病羊呼吸困难。所以通常患病羊常会摩擦鼻孔，摇头，磨牙，打喷嚏，严重时会使其食欲减退，逐渐消瘦。有时个别幼虫进入颅腔近处，对颅骨造成损伤，甚至损伤脑膜。病羊会经常强烈摇头，歪斜头部，逐渐运动失调且向一侧旋转。

3. 预防措施

①发现患有鼻蝇幼虫病的羊要及时进行治疗，并将喷出的幼虫消灭。

②每年最好有计划地在夏秋季节进行驱虫工作,把配成了1% ~ 2%的敌百虫(美曲膦酯)水溶液,向每一侧鼻孔内注入5～10毫升。可用注射器注药,装一胶管于前端,给药时使羊仰卧,使头与地面成45度角,或将羊头抬高,使下颌与地面平行,再将胶管插入鼻孔,徐徐注入药液,注完后,使羊保持片刻原姿势,然后放开。

4. 治疗方法

①敌百虫(美曲膦酯),在流行地区,绵羊按0.1克/千克体重,山羊按0.075克/千克体重,将敌百虫配成水溶液,颈部皮下注射。为防止引起注射局部发生不良反应,可在敌百虫液中加入适量的2%普鲁卡因。

②伊维菌素或爱比菌素,每年蚊虫活动季节一结束,按0.2克/千克体重,一次皮下注射,可有效地预防羊鼻蝇蛆病。也可用于治疗。

③2%来苏儿液冲洗鼻腔,用喷雾器向鼻孔内喷洒。

④80%的敌敌畏乳剂喷雾,可用超低量电动喷雾器或气雾枪使药液雾化,也可加热雾化(加热器可选用农用平板大铁锹),每立方米体积用1毫升,使羊吸雾15~30分钟,有很好的效果。

⑤百部30克,加500毫升水,煎至250毫升,每次取药液30毫升,每天2次,用不带针头的针筒,往羊的鼻腔内注入。

(四) 羊球虫病

是由艾美耳球虫引起的一种急性或慢性肠炎性的原虫病。每个品种的山羊、绵羊对该病都有易感性。羔羊最易感染而且症状严重,死亡率也高,而成年羊一般都是带虫者。

1. 病原 在山羊和绵羊体内寄生的艾美耳球虫有多种,其中浮氏艾美耳球虫(寄生于小肠)、阿氏艾美耳球虫(寄生于小肠)、错

乱艾美耳球虫（寄生于小肠后段）和雅氏艾美耳球虫（寄生于小肠后段、盲肠和结肠）4 种的致病力较强。

2. 临床症状　病羊食欲减退或消失，精神不振，被毛粗乱，可视黏膜苍白，渴欲增加，腹泻，常有血液和脱落的上皮夹杂在粪便中，粪恶臭，含大量卵囊。常见病羊被毛脱落，肚胀，眼和鼻的黏膜有卡他炎症。迅速消瘦，常发生死亡，通常在 10% ～25% 的死亡率，有时甚至高达 80%。急性需要经过 2～7 天，慢性者能延及数周。春、夏、秋三季为本病的流行季节，根据各地的气候条件不同，感染率的高低也各不相同。如果夏季突然更换饲料，往往会有较高的感染率，在潮湿的羊圈中饲养或在低湿的牧场上放牧都很容易感染。症状表现最明显的是 1 岁以内的小羊。

3. 预防措施　应当在流行地区采取消毒、治疗、隔离等综合性措施。应该将成年羊与羔羊分开饲养，因为成年羊多半是带虫者。一旦发现病羊，需要立即进行隔离治疗。要保持羊舍的干燥；要清除粪便，将垫草和粪便等污秽物进行集中生物热发酵处理。饲料和饮水要保持清洁卫生。

4. 治疗方法

①磺胺二甲基嘧啶，第一天 0.2 克/千克，以后改为 0.1 克/千克，连用 4 天。

②氨丙啉，剂量 20 毫克/千克体重，连喂 4～5 天。

③莫能霉素，添加 22 毫克/千克于山羊饲料内，连喂 7～10 天。

（五）羊焦虫病

是由羊血细胞或网状内皮细胞内寄生的羊泰勒焦虫（梨形虫）引起的，焦虫以渗透的方式吸取营养。焦虫病死亡率高，症状严重，往往对养羊业造成的损失很大。羊泰勒焦虫病多见于我国北方。

1. 病原 寄生在网状内皮系统细胞里虫体为形成石榴状的柯赫氏蓝体，而寄生在红细胞里的泰勒焦虫虫体形态为环形、椭圆形、逗点状和杆状等。该病是通过硬蜱传播的。

2. 临床症状 患病之初羊的体温会高达 39～41℃，呈稽留热且食欲减退，病羊在中后期喜欢啃一些异物或土等，逐渐减少反刍次数以至停止，常流涎、磨牙。本病的特征为体表淋巴结肿胀，大多数病羊鼠蹊和肩前淋巴结硬肿疼痛。呼吸、心跳加快，肌肉颤抖，结膜苍白，低头闭目，行走无力，表现极为痛苦。后期头颈弯曲，卧地不起，食欲废绝，呻吟。往往在发病后的一周左右死亡。

3. 预防措施 灭蜱是对羊焦虫病的主要预防措施，每年在蜱大量出现之时，用敌百虫（美曲膦酯）3%～5% 的溶液进行药浴，每次药浴面积为体表的 1/2 或 1/3，隔日进行 1 次，直到驱净为止。另外，要定期对圈舍喷洒敌百虫溶液。

4. 治疗方法 用血虫净（5～7 毫克/千克体重）用蒸馏水配成 7% 溶液分点臀部或颈部深层肌肉注射，发病羊每日 1 次，连用 3 次，未发病羊每日 1 次，连用 2 次；或用焦虫散治疗，此药为片剂，每 30 千克体重口服 1 片，连用 3～4 次，每日 1 次；此外，可用抗焦虫素。

二、体外寄生虫病

（一）羊疥螨病

俗称疥螨，是由羊（尤其是山羊）的皮肤上所寄生的疥螨科疥

蟥属的疥螨引起的一种接触性传染的慢性皮肤病。病畜表现出皮肤变厚、脱毛、剧痒和消瘦等主要特征。感染严重时，会降低羊的生产性能，甚至导致死亡，给养羊业带来较大损失。

1. 病原　羊疥螨是该病的病原。疥螨的发育史包括卵、幼虫、稚虫（若虫）和成虫4个阶段，它是不完全变态的节肢动物。雄虫和雌虫在皮下掘隧道，在整个隧道中，每隔一定距离就留有一个小孔与外界相通，供幼虫外出及空气流通。雌虫挖隧道的同时会产卵，虫卵孵出幼虫，离开原有隧道后，幼虫另开新道，并在新隧道中蜕皮变为稚虫。稚虫也同样挖掘窄浅的隧道，并在其中蜕皮变为成虫。成虫身体似龟状，呈圆形，腹面扁平，背面隆起，躯体腹面有4对短而粗的足，肉眼看不到虫体。一般疥螨病在阴湿寒冷的冬季比较严重。在夏季，阳光充足，空气流通，天气干燥的环境，病势随即减轻，但动物仍为带虫者。

2. 临床症状　开始多在嘴唇、口角周围、鼻子边缘及耳朵根部发生，严重时会蔓延到整个头部、颈部的皮肤，这些部位的皮肤会病变成干枯的灰白色。病羊的局部发痒，常在墙角、柱栏等处磨蹭或用后肢搔痒。数日后，患部皮肤上会有针头大小的结节出现，随后形成脓疱或水泡。当脓疱及水泡破溃后，结成痂皮。病情严重时会导致食欲减退，生长停滞，部分体毛脱落，逐渐消瘦，甚至死亡。

除通过临床观察进行诊断外，还可镜检有无虫体。在患病皮肤和健康皮肤交界处刮取患部，一定要深刮，直到见血为止。将少量的甘油水等量混合液或液状石蜡，滴加在最后刮下的皮屑里，将之放到载玻片上，用低倍镜检查，可发现活螨。或者在试管中放入刮取的皮屑，然后将5%～10%的氢氧化钠（或氢氧化钾）溶液加入其中，煮沸数分钟，或浸泡2小时，然后离心沉淀。之后镜检沉渣，可以看到虫体。

3. 预防措施

①羊舍要保持干燥、透光和通风，羊群不能过于密集。

②引进羊时应注意有无隐性患羊存在。一般情况下，对引进羊用药治疗后，经一段时间的观察确无螨病时，再行并群。

③经常注意羊群中有无发痒和掉毛的个体，如有应及时挑出，隔离饲养，迅速查明原因。发现患畜及时治疗。

④定期预防性治疗。

4. 治疗方法

①药浴，可选用0.5%～1%敌百虫（美曲膦酯）溶液，0.05%蝇毒磷乳剂水溶液，或0.05%辛硫磷乳油水溶液，该法适用于病羊较多且气候温暖的季节。如秋末进行，可收到良好的预防效果。

②螨净是目前治疗疥癣病的理想药物。药浴时，药液要搅拌均匀，浓度要准确。

③伊维菌素和爱比菌素，剂量0.2毫克/千克体重，一次皮下注射。

④用烟叶1500克、辣椒500克、水1500～2500毫升，混合后煮沸，煮至500～1000毫升，将粗渣滤去，使用时加温到60～70℃，在患处涂擦，每天1次，连用7天。

（二）羊痒螨病

是由绵羊的皮肤表面寄生的疥螨科痒螨属的痒螨引起的一种皮肤寄生虫病，是重要的螨病之一，可以接触性传染。

1. 病原 痒螨在皮肤表面寄生，不挖掘隧道。痒螨离开宿主体以后，仍能生活相当长的时间，它抵抗不利于其生活的各种因素的能力要比疥螨强。痒螨对宿主皮肤表面的温度变化有很强的敏感性，常在病变部和健康皮肤的交界处聚集。阴暗、潮湿、拥挤的厩舍常

会恶化病情，夏季对螨比较不利，绵羊剪毛后，会降低皮肤表面的湿度，由于空气流通较好，日照增强，就会使它潜入眼下窝、耳壳、会阴部、阴囊部的附近、尾根下和蹄间隙等处，这时的病羊就转为了潜伏型痒螨病。

2. 临床症状　容易导致病变部的被毛脱落，绵羊的痒螨病多在有长毛的部位发生，开始可能局限于背部或臀部，之后在体侧部蔓延。患部奇痒，常用后肢搔抓患部，或在墙壁、木桩、石块等物体上磨蹭。最初会有针头大至粟粒大的结节在患部皮肤出现，继而形成脓疱和水疱。患部有很多渗出液，致使皮肤表面湿润，最后有浅黄色脂肪样的痂皮凝结而成。有些患部的皮肤会逐渐增厚、变硬，形成龟裂。

在患病的羊群中，首先会观察到有些羊只躯体下部不洁，身上的毛结成束，有零散的毛束或毛团在身上悬垂着，呈现被毛褴褛的外观，之后毛束会逐渐大批脱落，最后成为裸露皮肤的病羊。病羊营养高度衰竭，贫血严重，可能在寒冷季节里大批死亡。

如果根据患羊的症状，疑为本病，就可用手持放大镜观察或用肉眼观察患部，找到痒螨即可诊断为本病。同时，用于诊断疥螨病的方法也同样适用于痒螨病。

3. 预防措施　可参阅羊疥螨病部分。

4. 治疗方法

①可参阅羊疥螨病部分。

②用干燥粉剂。痒螨在缺乏湿气的情况下，容易死亡，因此用干燥粉剂撒布在患部，对羊痒螨的疗效很好。一般采用石灰硫黄合剂，其配方：升华硫黄（或硫黄粉）30份，石灰粉30份，漂白粉30份。

③用油膏涂擦。将食盐、百草霜和桐油各100克，混合后调匀，

在患处涂擦；或升华硫黄 15 克，凡士林 85 克，制成软膏，分别在患部涂擦。

（三）硬蜱

硬蜱俗称草爬子和狗豆子，属于节肢动物门的硬蜱科，是寄生于羊体表的一种外寄生虫。该科的硬蜱属、血蜱属（盲蜱属）、革蜱属（矩头蜱属）、牛蜱属（方头蜱属）、扇头蜱属和璃眼蜱属 6 个属在兽医学上有意义。硬蜱科的蜱是家畜体表的一种吸血性的外寄生虫，全部营寄生生活。绝大多数硬蜱生活在野外，尤其是未经开垦的草地和山林，畜舍或畜圈周围也会有少数寄居。硬蜱一般多寄生在宿主皮薄毛少而且不易受扰动的部位。于山区放牧的羊只在冬春季节容易感染此病。

1. 病原　雄蜱吸饱血后，大小变化不大；雌虫吸饱血后形如蓖麻子，呈红褐色或暗红色。硬蜱要经过卵、幼虫、稚虫和成虫 4 个发育阶段。雌蜱把卵产在乱石块中或地面，卵淡褐色，圆形，很小，通常孵化为幼虫要经过 2~3 周或 1 个月以上。幼虫会爬到草尖等待，当有宿主经过时，就会顺势爬到宿主体。经过 2~7 天幼虫吸饱血后，会在原宿主体或落到地上蜕变成稚虫。稚虫会再爬到另外宿主体上，或仍留在原宿主体上吸血，吸饱了血的稚虫，会在宿主体上蜕变为成虫，或落到地上变为成虫，成虫在原宿主体上或再爬到另一宿主体上吸血。

雄蜱在交配后会很快死亡，雌蜱吸饱血后，会从宿主体落到地上，爬到墙缝内或石块底下或者阴暗潮湿处产卵，通常需要 20~30 天的产卵期，1 个雌蜱能产生 1 万~1.5 万个虫卵。产完卵后的雌蜱，会萎缩死亡。根据种类和获得宿主的情况不同，从卵发育到成蜱的时间也不同，可由 3 个月至 1 年，甚至 1 年以上。

在各个发育阶段的硬蜱有长期耐饥饿的习性。通常幼虫能耐1个月以上的饥饿。稚虫和成虫能耐半年或1年以上。

2. 临床症状　硬蜱在羊体表寄生，主要在皮薄毛较少的地方寄生，尤其以耳部较多。硬蜱能在吸血时对皮肤造成机械的损伤，使寄生部位痛痒，导致家畜摩擦、啃咬及骚扰不安。在硬蜱的固着处会造成伤口，继而引起皮肤发炎、皮脂腺炎、毛囊炎等。当寄生过多时，会引起家畜的贫血，发育不良，消瘦，从而降低皮毛的质量，使产乳量下降。

3. 预防措施　硬蜱是羊焦虫病的传播者，此外，还能传播细菌性疾病（如炭疽、布鲁氏菌病、野兔热等）和病毒性疾病以及立克次氏体病（如Q热等）。因此，对硬蜱的防治在预防羊和人类的某些疾病上具有重要的意义。

①消灭畜舍的硬蜱，可将木桩和柱栏等用敌敌畏或敌百虫（美曲膦酯）水溶液喷洒。也可对羊体和羊舍用溴氰菊酯喷洒。

②为防止外来羊带进或有蜱寄生的羊带出硬蜱，要对引进的或输出的羊均进行检查和灭蜱处理。

③改变自然环境条件是消灭外界环境中的硬蜱最好的办法，由于大多数硬蜱都在荒野中生活，如果创造的生活环境不利于其生活，如消除杂草，劈山造林，将经济价值不大的灌木丛砍掉，栽培牧草和作物，改良土壤等，这样既有利于增加经济收入，又能消灭硬蜱。

4. 治疗方法

（1）机械法灭蜱　将羊体上的硬蜱用手捉去。这种方法只能用作辅助方法或用于少量硬蜱寄生时。捉蜱时手要垂直于动物的皮肤，把硬蜱向上拔出，这样才能使畜体内寄生的虫体完全脱离出来，不然很容易将硬蜱拔断，将口器留在畜体皮下，从而使局部发生炎症。

（2）药物灭蜱　可采用0.33%敌敌畏水溶液（即50%的敌敌畏

原液 1 份加上水 150 份）或有机磷类药物 0.2% ~ 0.5% 敌百虫（美曲膦酯）水溶液喷洒或洗刷羊体，每半个月用药一次，此方法在温暖的季节适用。伊维菌素和菊酯类药物对蜱均有一定的杀灭效果。

第三节 肉羊的主要传染病及防治 》》》

（一）炭疽病

是由炭疽杆菌引起的人畜共患的急性、热性、败血性传染病。在病羊的排泄物、分泌物和天然孔流出的血液中含有大量病菌，所以病羊是主要传染源。如果对病尸处理不当，病尸上的炭疽杆菌就会形成芽孢并对土壤、水源、牧地等进行污染，吃了被污染的饲草和饮用水的羊就会被感染。本病常在夏季雨后发生，多为散发，在发生过炭疽的地区，有可能年年发病。

1. 症状 一般情况需要 1 ~ 5 天的潜伏期，有的能达到 14 天。患羊表现为摇摆、磨牙、全身战栗，呼吸困难、昏迷，口、鼻有血色泡沫流出，阴道、肛门都会有血液流出，且血不易凝固，数分钟后就会死亡。病情缓和时，行走摇摆、兴奋不安、心跳加速、呼吸加快，眼黏膜发绀，后期天然孔出血，全身痉挛，数小时内即可死亡。

2. 防治措施 对经常发生炭疽的地区，每年用第二号炭疽芽孢苗或无毒炭疽芽孢苗（对山羊毒力较强，不宜使用）作预防注射。

有炭疽病例发生时，应将病羊及时隔离，要将被污染的用具、地面及羊舍进行彻底消毒，可用2%漂白粉或10%热碱水连续消毒3次，每次间隔1小时。用青霉素对同群的未发病羊连续注射3天进行预防。要深埋尸体，应将被污染的地面铲除并与尸体一起埋掉；严禁解剖病死尸体、剥皮吃肉。必须在严格隔离条件下对病羊进行治疗。通常绵羊和山羊的病程短、往往来不及治疗；可采用特异血清疗法结合药物对病程缓和的病羊进行治疗：可使用抗炭疽血清静脉或皮下注射对患病初期的羊治疗，40～80毫升/羊次，12小时后再注射一次；每隔8小时注射一次青霉素每千克体重1.5万单位，连续2～3天。两者结合使用效果更好。

（二）布氏杆菌病

本病是由布氏杆菌引起的人、畜共患慢性传染病。主要对动物的生殖系统产生侵害，会引起公羊睾丸炎，母羊发生流产、不育等。布氏杆菌能在皮毛上、水中和土壤里存活几个月，一般的消毒药能将本病菌在数分钟内杀死。接羔时的伤口侵入是人感染此病的主要途径。疫苗不可治疗只能预防，终身携带。

1. **症状** 带病体为隐性感染。患病公羊表现为睾丸、关节肿胀和不育，少数病羊发生角膜炎和支气管炎；患病母羊会在妊娠末期流产，严重时能达到40%～70%。

2. **防治措施** 该病没有治疗价值，如果感染应马上淘汰。应每年对羊群净化并进行定期检疫，定期接种布氏杆菌疫苗，要及时隔离已经发现的病羊，以淘汰屠宰为宜，严禁让健康羊与之接触。对被污染的用具和场所必须进行彻底消毒；应将流产胎儿、胎衣、羊水和产道分泌物深埋。要对新买进的羊进行检疫，隔离观察半个月，无病后方可入群。

（三）破伤风

本病是由破伤风梭菌引起的急性、创伤性中毒性传染病，是人畜共患病，又称脐带风、锁口风。

1. 症状　主要通过伤口感染。创内的病原体在因伤口小而深、伤口被泥土、粪便、痂皮封盖或创内发生坏死，而导致创内缺氧时，容易产生毒素，对中枢神经系统造成刺激而发病。常见于断脐、分娩、外伤及去势等处理不当而感染发病。病羊起卧困难，四肢逐渐僵直，全身肌肉僵硬，精神呆滞，角弓反张，头颈伸直，牙关紧闭，流涎吐沫。一般情况体温都正常，只在临死前上升至42℃以上，有很高的死亡率。

2. 防治措施　预防本病应以防止羊发生外伤为主，一旦在剪毛时出现伤口、有外伤或断脐时都要及时对伤口进行清洗，并严格消毒。将羊放到光线稍微暗的地方，尽快找到伤口，把脓汁、异物、坏死组织及痂皮排除，然后用5%～10%碘酊或3%过氧化氢液进行消毒处理，同时在创面周围用青霉素注射。用盐酸氯丙嗪30～50毫克肌肉注射，可以缓解痉挛。对于不能采食的病羊可以进行补糖、补液。当发生便秘时，可投服盐类泄剂或用温水灌肠。

（四）羊快疫

是主发于绵羊的由腐败梭菌引起的一种急性传染病。该病的主要特征是突然发病，病程短促，真胃出血性炎性损害。必须使用强力消毒药进行消毒（如20%漂白粉，3%～5%氢氧化钠等），因为病原菌不管在动物体内外都能产生芽孢。

1. **症状** 通常情况下病羊来不及表现症状，就会突然死亡。常于早晨发现死在圈舍内或在放牧时死于草场。死亡慢的表现为腹痛腹泻，磨牙抽搐，运动失调，不愿行走，最后口流带血泡沫，衰弱昏迷；病程非常短促，大多都在十分钟到几小时内死亡。

2. **防治措施** 要定期对常发区注射羊快疫单苗或羊厌氧菌三联苗（羊快疫、羊猝疽、羊肠毒血症）或五联苗（另加羔羊痢疾和羊黑疫），肌肉或皮下注射 5 毫升/只，免疫期为半年以上。防止严寒袭击，加强饲养管理，严禁食霜冻饲料。将圈舍在病发期搬迁到地势高燥之处。

（五）羔羊大肠杆菌病

又称羔羊白痢或羔羊大肠杆菌性腹泻，是由致病性大肠杆菌引起的一种羔羊急性传染病。胃肠炎或败血症是该病的病理特征。中等大小的革兰氏阴性杆菌是其病原菌，对外界不利因素的抵抗力不强，可以使用常用消毒药将其杀死。

1. **症状** 本病多发生在数日龄至 6 周龄的羔羊身上（那波里大肠杆菌也可致 3～8 月龄的绵羊羔与山羊羔发病，并呈急性经过）。通常在冬春季舍饲期间多发，主要经消化道感染；初乳不足、气候多变、圈舍潮湿等都利于该病发生。潜伏期为数小时至 1～2 天。

2～6 周龄的羔羊大多容易发生败血型。体温在病初会升高，临诊常有四肢僵硬、运步失调、精神委顿、卧地磨牙、视力障碍、一肢或数肢做划水动作等神经症状，有的关节疼痛、肿胀；通常会在24 小时内导致羔羊死亡；2～8 天的幼羔多为肠型，体温在病初升高，随之出现下痢，体温下降；病羔拱背、委顿、腹痛，偶见关节肿胀。粪便先为黄灰色，呈半液状，以后含气泡、呈液状，有时还有血液混其中。如果不及时治疗，可在 24～36 小时内死亡，病死率一般在 15% ~ 75%。

2. 防治措施 改善羊舍环境卫生，加强饲养管理，母羊乳头要保持清洁，及时让羔羊吮吸初乳等，也可用灭活苗或本地流行的大肠杆菌血清型制备的活苗对妊娠母羊接种，以使羔羊获得被动免疫。可用氯霉素、土霉素、新霉素、磺胺类和呋喃类药物进行治疗，并配合护理和对症疗法：氯霉素 10 ~ 30 毫克/千克体重，肌肉注射，每日 2 次；或按每日 55 ~ 110 毫克/千克体重，分 2 ~ 3 次灌服；磺胺咪第一次 1 克，以后每隔 6 小时内服 0.5 克；呋喃唑酮（痢特灵）每次 30 毫克/千克体重，内服，每日 2 ~ 3 次，连用 2 ~ 5 天；土霉素粉每日 30 ~ 50 毫克/千克体重，分 2 ~ 3 次灌服。

（六）羊钩端螺旋体病

是绵羊和山羊共患的一种传染病，又称黄疸血红蛋白尿，显著的黄疸、血尿、皮肤和黏膜出血与坏死都是该病的主要特征。全年均可发病，以夏、秋放牧期间更为多见。传染的主要来源是病畜和鼠类。病畜和鼠类从尿中排菌，污染饲料和水源，可以通过消化道和皮肤传给健康羊，有时也可通过结膜或上呼吸道黏膜、鼠咬伤等进行传染，间或可能通过胎内感染。

1. 症状 绵羊和山羊钩端螺旋体病有 4 ~ 15 天的潜伏期。可将该病依照病程的不同分为最急性、急性、亚急性、慢性和非典型性五种。一般急性或亚急性多见，慢性者很少。

最急性的表现为脉搏增加达 90 ~ 100 次/分钟，体温升高到 41.5℃，黏膜发黄色，尿呈红色，有下痢，呼吸加快，经 12 ~ 14 小时而死亡。

急性，体温高达 41℃，由于胃肠道弛缓而发生便秘，尿呈暗红色，眼发生结膜炎、流泪，鼻腔有黏液脓性或脓性分泌物流出，鼻

孔周围的皮肤破裂，病期一般要持续 5～10 天，死亡率可达 50%～70%。

亚急性，症状大体与急性者相同，只是发展比较缓慢，升高体温后，有能迅速降为正常，也可能下降后再反复升高，血色素尿及黄疸很显著，胃肠运动显著迟缓而发生严重的便秘，躯干、耳部及乳头部的皮肤发生坏死，虽然也可以痊愈，但非常缓慢，死亡率为 24%～25%。

慢性，没有明显的临床症状，只是呈现血尿和发热，病羊精神委顿，食欲减少，由于肠胃的动作迟缓而发生便秘；患病时间过久，会表现出十分消瘦，可能有些病羊会痊愈，通常病期长达 3～5 个月。

非典型性的症状不明显，甚至缺乏，疫群内往往有些羊只表现短暂的体温升高。

2. 防治措施　不许将病畜或可疑病畜（钩端螺旋体携带者）运入羊场，经常做好灭鼠、排水工作，注意环境卫生。应对新进入场的羊只隔离检疫 30 天，必要时进行血清学检查。

本病传播的主要方式是饮水，因此，将病羊隔离后，应将其他假定健康的羊转移到具有新饮水处的安全放牧地区。将病羊舍的粪便及污物彻底清除，用 2% 苛性钠或 10%～20% 生石灰水进行严格消毒。对于饲槽、水桶及其他日常用具，应用开水或热草木灰水处理，将粪便堆集起来，进行生物热消毒。

应该将发生了本病的羊群或牧场宣布为疫群或疫场，采取一定的限制措施。当最后一只病羊痊愈 30 天后，对整体羊舍或牧场进行了预防消毒的情况下，才可将限制措施解除。应该有计划地在常发病地区进行鸡胚化菌苗或死菌苗或多价浓缩菌苗注射，能保持一年的免疫期。

治疗期间，要让被隔离的病羊充分休息，给其饲喂多汁饲料和绿色饲料，保证其饮水，避免受直射阳光的长期照射。根据病因，用抗生素（青霉素、链霉素、土霉素、金霉素）高免血清或"九一四"进行治疗。对症治疗，可给予利尿剂乌洛托品（肾脏患病时）、缓泻剂（便秘时）或强心剂（心脏衰弱时），同时进行补液（静脉注射葡萄糖氯化钠溶液或20％葡萄糖溶液）。

（七）肉毒梭菌中毒症

本病是由肉毒梭菌所产生的毒素引起的一种中毒性疾病，又称腐肉中毒。唇、舌、咽喉等发生麻痹是其主要特征。常在雨量较多的时期发生，一般都是因为吃了发霉腐烂的谷物、干草、蔬菜或腐败的青贮饲料而受到感染。在土壤中缺乏钙、磷的地区，羊只容易发生异食癖，舔食野外有毒尸体而患病。

1. **症状** 病的潜伏期变化颇大，由几小时到几天不等。羊患病以后，表现有最急性、急性和慢性三种类型。

最急性通常没有任何症状，会突然发生死亡。

急性症状表现为突然卧地不起，头向侧弯，吞咽困难，颈部、腹部和大腿肌肉松弛，然后舌尖露于口外，口流黏性唾液，食欲及饮欲消失，多数发生便秘，但体温正常，仍存在知觉和反射活动。病情发展快的能在1天之内死亡，慢者能拖延4～5天。

慢性除有急性型的症状外，常并发肺炎，最后常因极度消瘦而死亡。

以上三种类型病例都有很高的死亡率，但也有能够自愈的，为数较少。

2. 防治措施　该病以预防为主。不用腐败发霉的饲料喂羊，制作青贮饲料时不可混入动物（鼠、兔、鸟类等）尸体。对牧场、羊舍及其周围的垃圾和尸体要经常清除。

可以用类毒素在常发病地区进行预防注射，一旦有可疑病例发生，要马上停止喂食可能受污染的饲料，必要时可变换牧场。治疗时可用每毫升含1万单位的抗毒素血清，静脉或肌肉注射6万～10万单位，可使早期病羊治愈。可以采用投服泻剂或皮下注射槟榔素，进行温水灌肠，静脉输液，用胃管灌服普通水等多种方法，以帮助排出体内的毒素。可以在病初静脉注射"九一四"，根据体重大小不同，剂量为0.3～0.5克，溶于10毫升灭菌蒸馏水中应用。在采用上述方法的同时，还要随时根据病情变化进行对症治疗。

（八）羊沙门氏菌病

羊沙门氏菌病包括羔羊副伤寒和绵羊流产两种病，主要是由都柏林沙门氏菌、羊流产沙门氏菌和鼠伤寒沙门氏菌引起的，以母羊怀孕后期流产、羔羊急性败血症和下痢为主要特征的急性传染病。病原菌革兰氏染色阴性，在水、土壤和粪便中能存活数月，对外界的抗力较强。一般消毒药物可将其迅速杀死。

1. 症状　流产型，流产或死产多在怀孕的最后2个月发生。病羊体温升高，精神沉郁、不食，部分羊有腹泻症状。病羊产出的活羔常有腹泻，且大多数都非常衰弱，通常会在1～7天内死亡。妊娠的母羊发病后也容易在流产后或无流产的情况下死亡。羊群暴发1次，一般可持续10～15天，有很高的病死率和流产率。

下痢型，一般都在羊羔发病，食欲减少腹泻，排黏性带血稀粪，有恶臭，体温升高达40～41℃。精神沉郁，虚弱，低头弓背，继而卧地，病程1～5天死亡，有的经2周后可恢复。发病率一般为

30%，病死率25%左右。

2. **防治措施**　对病羊隔离治疗，及时销毁流产胎儿、胎衣及污染物，消毒处理被污染的场地。对可能受威胁的羊群，注射相应菌苗预防。

病初较为有效的是用抗血清。氯霉素是药物治疗的首选，其次是土霉素、呋喃唑酮和新霉素等。每次最好选用一种抗菌药物，如无效应立即改用其他药物，一次治疗不应超过5天。在抗菌消炎的同时，还应进行对症治疗〔氯霉素：成羊10~30毫克/千克体重，肌内或静脉注射，每日2次；羔羊每日30~50毫克/千克体重，分3次供羊内服。硫酸新霉素：5~10毫克/千克体重，内服，1日2次。呋喃唑酮（痢特灵）：5~10毫克/千克体重，内服，1日2~3次〕。

（九）羊链球菌病

羊链球菌病俗称"嗓喉病"，是由兽疫链球菌引起的一种急性、热性、败血性传染病。颌下淋巴结和咽喉肿胀、大叶性肺炎、呼吸异常困难、各脏器出血、胆囊肿大是本病菌的主要特征。

1. **症状**　病羊体温升高至41℃，精神不振，食欲低下，呼吸困难，反刍停止。眼结膜充血，流泪，常见有脓性分泌物流出；口流混有泡沫的涎水；鼻孔有浆液性、脓性分泌物流出。颌下淋巴结肿大，咽喉肿胀，部分病例舌体肿大。粪便松软，夹杂血液或黏液。有些病例可见眼睑、口唇、面颊以及乳房部位肿胀。妊娠羊染病后会发生流产。病羊死前常有呻吟、磨牙和抽搐现象。一般为2~5天的病程。

2. **防治措施**　未发病的地区不要从疫区购进羊肉、皮毛产品或引入种羊，加强防疫检疫工作。常发病地区坚持免疫接种，每年发病季节到来之前，用羊链球菌氢氧化铝甲醛菌苗进行预防接种。大

小羊只一律皮下注射 3 毫升，要在 2～3 周后对 3 月龄以下的羔羊重复接种 1 次，能维持半年以上的免疫期。

加强饲养管理，保膘、抓膘，防寒保暖工作要做好，将各种促进疾病发生的因素消除。要对疫区搞好隔离消毒工作，在一定时间内勿让羊群进发过病的"老圈"。

发病早期可选用青霉素或磺胺类药物进行治疗。内服碘胺嘧啶每次 5～6 克（小羊减半），用药 1～3 次；或口服复方新诺明，每次每千克体重 25～30 毫克，1 日 2 次，连用 3 天；每次肌肉注射青霉素 80 万～160 万国际单位，每日 2 次，连用 2～3 日。

（十）羊黑疫

由 B 型诺维氏梭菌引起，又称传染性坏死肝炎。本病主要在 2～4 岁、营养好的绵羊身上发病，山羊也可发病。该病的发生与肝片吸虫的感染程度密切相关。主要发生于低洼、潮湿地区，以春夏季多发。

1. 症状　病羊常见急性反应，一般临床症状还来不及表现就会突然死亡。少数呈慢性经过的病例，主要表现为反刍停止，食欲废绝，呼吸急促，精神不振，体温升高达 41.5℃，最后昏睡而死。

2. 防治措施　首先要对肝片吸虫的感染进行控制。定期用羊厌气菌病五联苗肌肉注射或皮下注射，每次 5 毫升。将羊圈建在干燥处，也可用抗诺维氏梭菌血清进行早期预防，皮下或肌肉注射 15 毫升，必要时可重复一次。由于该病通常病程短促，往往来不及治疗。可对病程较长者，进行静脉、肌肉注射抗诺维氏梭菌血清，每次 50～80 毫升，注射 1～2 次；或肌肉注射青霉素 80 万～160 万国际单位，每天 2 次。

（十一）羊传染性脓疱病

是由脓疱病毒引起的羊的一种接触性传染病。在嘴唇、口角、鼻孔周围等处的皮肤、黏膜上形成丘疹、水疱、脓疱，破溃后形成疣状厚痂是该病的主要特征性病变，故又称羊口疮。本病世界各地都有发生。对羔羊危害重，对成年羊危害轻，死亡率为 1% ~ 15%。康复之后的病羊发育迟缓。

1. 症状　本病潜伏期为 4~7 天。发生部位主要在嘴唇、口角、鼻孔周围，其次是乳房、外阴及蹄部。发病后首先会有丘疹出现，继而形成脓疱、水疱，会有黄水从破溃流出，最后结痂，形成黑色或褐色的疣状物，将痂皮揭开后能看到脓样物质或黄水。病羊的患处发痒，会用嘴头不断在树木上或建筑物进行强行摩擦，严重时精神不振，体温升高，采食困难，采食和反刍减少，最后因机体衰竭而死亡。

2. 防治　使用消毒、杀菌、抗感染药物。将痂皮揭去，用 0.1% 高锰酸钾溶液、1% ~3% 硫酸铜溶液、温盐水或明矾溶液等清洗创口，然后涂抹 2% 甲紫、碘甘油或尿素软膏、鱼石脂软膏等。同时，对每只羊肌注或内服 0.4 ~0.6 克吗啉胍，连用 3 ~5 天，每天 2 次。可用 3% 克辽林或 3% 来苏水溶液洗净蹄部，擦干后再用松馏油涂抹。用 2% ~3% 硼酸水冲洗乳房部，涂氧化锌鱼肝油软膏。

（十二）口蹄疫

是由口蹄疫病毒引起的偶蹄类动物共患的热性、急性、高度接触性传染病。患病动物口腔黏膜、蹄部和乳房发生水疱和溃疡是该病的主要临床特征，所以民间俗称"口疮""蹄癀"。

1. 症状　病畜口腔黏膜、齿龈、唇部、舌部及趾间等发生水疱或糜烂。起初水疱只有豌豆到蚕豆大，继而融合增大或连成片状，1～2天破溃后，形成红色烂斑。很多病例会有条状、高低不平的水疱（波浪式）出现，通常在用手抓取时，会成片地脱落。少数病例会在角基、鼻镜以及乳房上发生水疱。一般在口腔发生水疱后会同时与蹄踵、蹄冠和趾间发生烂斑和水疱，如果细菌将破溃处污染，就会出现严重的跛行。

2. 防治措施　无病地区严禁从有病地区（或国家）购进动物及其产品、饲料、生物制品等。也应对来自无病地区的动物及其产品进行检疫。一旦有疫情发生，要立即上报，按照国家的相关规定，要对疫区进行严格的划区封锁，紧急预防接种，将消毒工作搞好。应禁止人畜及畜产品在划定的封锁区和口蹄疫流行的地区流动。一般对于染病的牲畜要就地捕杀，实行无害化处理，本病不允许治疗。

（十三）绵羊痘

是由绵羊花痘病毒引起的一种急性、热性、接触性传染病，又名绵羊"天花"。本病以少毛或无毛部位的皮肤、黏膜发生痘疹为特征。典型绵羊痘病程一般初为红斑、丘疹，后变为水疱、脓疱，最后干结成痂，脱落而痊愈。

1. 症状　平均6～8天的潜伏期。只有个别羊在流行初期发病，以后会渐渐蔓延到整个群。病羊精神不振，食欲减退，体温升高达41～42℃，并伴有可视黏膜卡他性、脓性炎症。经1～4天后，开始发痘。痘疹多在皮肤、黏膜，无毛或少毛部位发生，如眼周围、唇、鼻、颊、四肢内侧、尾内面、阴唇、乳房、阴囊以及包皮上。最开始是红斑，于1～2天后会形成丘疹，皮肤表面突出，苍白而坚实。随后，丘疹会逐渐扩大变为淡红色或灰白色半球状隆起的结节。在2～3天内结节会变成水疱，水疱中央凹陷呈脐状，内容物逐渐增多。

在此期间，体温稍有下降。由于白细胞的渗入，水疱变为脓性，不透明，成为脓痘。化脓期间体温再度升高。如果没有继发性感染，则会在几天内干缩成褐色痂块，痂块脱落后会有红色或苍白色的瘢痕，经3~4周痊愈。

2. **防治措施** 首先要加强饲养管理，不要从疫区购入羊肉、皮毛产品及引进羊。抓膘保膘，冬春季节适当补饲，注意防寒保暖。其次，要坚持对疫区进行接种免疫，使用羊痘鸡胚化弱毒疫苗，大小羊只一律股内侧皮内或尾部注射0.5毫升，4~6天就会产生免疫力，保护期1年。再者，一旦发生疫情，要立即隔离病羊，划区封锁，彻底消毒环境，深埋病死羊尸体。用鸡胚化弱毒疫苗对受威胁区和疫区的未发病羊进行紧急免疫接种。最后，治疗应在严格隔离的条件下进行，防止病原扩散，皮肤上的痘疱涂碘酊和紫药水；黏膜上的病灶用0.1%高锰酸钾溶液充分冲洗后，擦拭碘甘油或紫药水。继发感染时，可用10%磺胺嘧啶钠10~20毫升，肌肉注射1~3次；也可肌肉注射青霉素80万~160万国际单位，连用2~3天。有条件时可用羊痘免疫血清治疗，每只羊皮下注射10~20毫升，必要时重复用药1次。

（十四）痒病

又名驴跑病、瘙痒病，震颤病、摩擦病或摇摆病，或慢性传染性脑炎，是由痒病朊病毒引起的成年绵羊和山羊的一种慢性发展的中枢神经系统变性疾病。高度发痒，进行性的运动失调、衰弱和麻痹是该病的主要表现。通常经过数月后会死亡，因此，很少见于18个月以下的羊只。

1. **症状** 18~42个月的潜伏期，所以该病为隐性发展，在不知不觉中发展症状。初期症状为不安、兴奋、震颤及磨牙，但如不仔细观察，不容易发现。最特殊的症状是搔痒：病羊在硬物上摩擦身体，或用后蹄搔痒。当用手抓其背部时，会有摇尾和缩动唇部的表现。由于不断地蹄搔、摩擦和口咬就会使其胁腹部及后躯发生脱毛，对羊毛的损失很大。有时还会出现大小便失禁。病初体温正常，食欲良好，随着发痒越来越剧烈，将会破坏其进食和反刍。随着疾病的不断发展，将加重其神经症状，行动的不协调现象逐渐增强。当走动时，病羊步伐很快，四肢高抬。经常前腿快行时，后腿也跟着一起运动。最后消瘦衰弱，以致卧地不起，终归死亡。但在实验病例亦有恢复健康的。病程为6周到8个月，甚至更长。

2. 防治措施　对于本病主要是做好预防，尚无有效疗法。因为本病潜伏期很长，属于隐性性质，所以普通检查和检疫无效。要有效地控制本病，必须采取以下各种坚决措施：从病区引进羊只的羊群，在42个月以内应严格进行检疫，受染羊只及其后代坚决屠杀；从可疑地区或可疑羊群引进羊只的羊群，应该每隔6个月检查一次，连续施行42个月；对发病羊群进行屠杀、隔离、封锁、消毒等措施，并进行疫情监测。病尸常用的消毒方法焚烧，5%~10%氢氧化钠溶液作用1小时，0.5%~1%次氯酸钠溶液作用2小时，浸入3%十二烷基磺酸钠溶液煮沸10分钟。

第四节 肉羊的常见普通病 》》》

(一) 酸中毒

又称乳酸中毒、瘤胃酸中毒等，是一种瘤胃碳水化合物代谢紊乱性疾病。如果粗饲料的采食量不足，却过多采食谷实等含淀粉和糖类高的精饲料以及饲养管理不当，都会使瘤胃乳酸生成过多，容易引起急性乳酸中毒。该病的主要特征是瘤胃鼓胀、精神沉郁、脱水等。

1. 症状　酸中毒一般在大量摄食谷实饲料后 4～8 小时发病，分急性和亚急性两类。亚急性酸中毒比较多见。病羊生产性能下降，喘气，食欲减退，腹部疼痛，频繁回头望腹，腹泻。有的羊还会因为继发性蹄叶炎而出现跛行。急性酸中毒病情严重，病羊常常突然死亡。死前鸣叫不断，心跳和呼吸加快，共济失调，甚至昏迷，瘤胃蠕动迟缓或完全停止。对死亡羊只剖检时，可见瘤胃内容物为粥状，酸臭难闻，pH 值通常为 4 左右。

2. 防治措施　控制精料饲喂量是防治该病的关键，具体应注意以下几点：

①应该逐渐过渡更换日粮，切忌突然改变，一般应给予 7～10 天的适应期。

②日粮中的青粗饲料和精饲料的比例应该保持平衡。一般而言，

青粗饲料应该占到总日粮干物质重的 40% 以上。饲喂谷物精料时，每日每头羊的喂量不要超过 1 千克，要分两次喂给。

③如果过量食用了谷实精料，在食后 4 ~ 6 小时内灌服青霉素 50 万国际单位或土霉素 0.3 ~ 0.4 克，能使产酸菌在一定程度上受到抑制而起到预防酸中毒的作用。

④轻型病例，可投服氢氧化镁 100 克，或 10% 石灰水 500 ~ 1000 毫升，一般 24 小时后开始吃食。

⑤可用胃管对病情严重的病羊的瘤胃进行冲洗：先用开口器张开口腔，再把胃管（内直径 1 厘米）经口腔插入胃内，将瘤胃内容物排出，并对瘤胃用 10% 石灰水 1000 ~ 2000 毫升进行反复冲洗，最后再灌入 500 ~ 1000 毫升的 10% 石灰水。可根据病羊表现，采取补液和强心疗法等对症治疗措施。

⑥若因瘤胃内容物过多，胃管无法导出时，可行瘤胃切开术清除内容物。

⑦如果手术和洗胃有困难，可用中药加味平胃散治疗，方剂为：甘草 30 克，苍术 80 克，陈皮 60 克，厚朴 40 克，焦山楂 50 克，炒神曲 60 克，炒麦芽 40 克，白术 50 克，炮干姜 30 克，薏苡仁 40 克，大黄苏打片 200 片。用温水将上述方剂调成稀粥状灌服，每千克体重投药 1 克，每天 1 次，连用 2 ~ 3 天。

（二）白肌病

是一种地方性营养代谢性疾病，是由缺乏微量元素硒或维生素 E 引起的羔羊心肌和骨骼肌的一种退行性病变，主要特征是肌肉和其他组织和器官变性、坏死，多发于 3 ~ 8 周龄羔羊。

我国属于贫硒国家，缺硒地区有天津、北京、江苏、浙江、安徽、湖南、湖北、江西北部、福建、广东、甘肃（除西部）、宁夏等省（区、市）；严重缺硒地区有黑龙江、吉林、辽宁、河北、河南、山东、山西、陕西、四川、重庆、云南、新疆、西藏、内蒙古等省（区、市）。因此，我国各地肉羊有普遍较高的白肌病发病率。此外，如果母羊日粮中有过大比例的苜蓿青干草，则容易使母乳有缺乏维生素 E 或硒的可能，生下的羔羊易患白肌病。

1. 症状　白肌病主要影响骨骼肌的发育，使羊出现渐进性肌肉麻痹。病羔出现运动障碍和共济失调，拱背，站立不稳，四肢特别是后肢无力，无法正常行走。除骨骼肌外，遭受侵害的还会有心肌及横膈膜、舌及食管等组织的平滑肌，病羔会由于心、肺功能的异常而导致死亡。剖检时，可见心肌有灰白色条纹状斑块，肝脏肿大且呈土灰色，肌肉颜色苍白、营养不良。

2. 防治措施　对羔羊和产羔前 1～4 周母羊注射硒和维生素 E 可有效地防治羔羊白肌病。0.2% 亚硒酸钠溶液，剂量为 1.5～2 毫升，皮下注射或肌内注射，每月注射 2 次。可同时肌内注射维生素 E，羔羊 100 毫克，母羊 300 毫克。如果羊群中有确诊的白肌病羔羊，则需要对全群的妊娠母羊和新生羔羊都进行处理。此外，在羔羊日粮中添加硒（0.1 毫克/千克体重）和维生素 E 效果也很明显。

（三）尿结石

是羯羊和舍饲公羊常发的疾病之一。日粮中磷水平过高或钙磷比例不平衡对尿结石的发生有一定影响。当体内的盐类无法随尿液正常排泄时，就会在肾脏、输尿管、膀胱、尿道内沉淀形成结石。

1. 症状　病羊排尿困难，常拱背站立，不断踢自己的腹部，卧地不起，食欲废绝。

2. 防治措施　改善饲养管理是对该病行之有效的防治措施，一般临床的治疗效果不佳。在高精料日粮中，应添加饲料级石灰石，以避免日粮中的磷水平过高。添加 0.5% 氯化铵（每只羊每天大约 7 克）于日粮中，对尿结石也会有一定良好的预防作用。但在绿色肉羊生产体系中，氯化铵可能属于被禁止使用的非蛋白氮类饲料添加剂。《绿色食品畜禽饲料及饲料添加剂使用准则》（NY/T 471-2010）禁止使用硫酸铵、磷酸铵等作为饲料添加剂，但没明确提及氯化铵。对于病势较缓的病羊，可灌服 40% 氯化铵溶液，隔天 1 次，每只每次 29.6 ~ 44.4 毫升，共服 3 次。同时可协同应用平滑肌松弛剂辅助疏通结石。对于患有尿结石的种羊，可以通过手术将尿道切开，将其中的结石摘除。

（四）感冒

是冬春季节肉羊的一种多发病。圈舍保温性能不好、气候急剧变化或剪毛后突然遭受雨淋，都可引起感冒。

1. 症状　病羊皮毛不整，食欲和反刍失常，精神沉郁，浑身颤抖，恶寒发热，鼻塞流清涕，打喷嚏，咳嗽，舌苔薄白，脉象浮数，呼吸急促，结膜潮红，轻度肿胀，听诊肺区肺泡音增强，偶有啰音。

2. 防治措施　应加强饲养管理，注意保暖，避免受寒，以预防感冒。发现病羊后，可采取如下治疗：

①肌内注射或皮下注射 5 ~ 10 毫升复方氨基比林注射液，每天 1 次。如果仍旧高热不退，可一次性肌内注射青霉素 80 万国际单位和链霉素 100 万国际单位。

②用辛温解表中药治疗。方剂组成：甘草 10 克，橘皮 10 克，紫苏 10 克，生姜 18 克，荆芥 10 克，防风 10 克，有畏寒症的病羊宜加葱白 20 克作引。水煎去渣，候温灌服，每天 1 次。

③若因雨淋受寒而感冒者，可用荆防败毒散治疗。方剂组成：荆芥 45 克，防风 30 克，前胡 25 克，枳壳 30 克，茯苓 45 克，桔梗 30 克，羌活 25 克，柴胡 30 克，独活 25 克，川芎 25 克，甘草 15 克，薄荷 15 克。研末内服，每次 40~80 克。

（五）妊娠酮血症

又称双羔病或妊娠毒血症，是母体营养供应与胎儿营养需求失衡所致的一种代谢紊乱性疾病，该病的主要特征是低糖、高酮体、肝脏脂肪浸润、虚弱及失明。该病主要对妊娠后期（特别是最后 1 月）母羊为害，过肥和过瘦的羊只比体况中等的羊发病率高，怀双羔和三羔母羊患病率高于怀单羔母羊。

妊娠后期胎羊生长发育十分迅速，仅采食青粗饲料难以满足母羊的营养需求，必须补充足量精料。一旦母羊出现营养不良，就会动员自身体蛋白、体脂肪和糖原，导致代谢紊乱，出现妊娠酮血症。因此，为了预防妊娠酮血症的发生，应在分娩前 3~4 周将母羊的营养水平逐步提高。此外，青粗饲料量过低、突然更换日粮、母羊肝功能损坏及内分泌紊乱都可诱发妊娠酮血症。

1. 症状　病羊发病初期通常离群索居，不断咩叫，不愿走动，双目失明，呼出带有明显的酮臭味的气体，粪便干燥，便秘，磨牙。到后期，出现抽搐、痉挛症状，严重者角弓反张，昏迷，常因极度虚弱而死亡。偶有幸存者通常也会出现难产，生出的羔羊瘦弱不堪，难以成活。

2. 防治措施　妊娠酮血症的治疗效果不很理想。在发病早期可

口服丙酸钠5~7克、丙二醇20~30毫升或甘油20~30毫升。另外，可以静脉注射葡萄糖，每天2次，每次200毫升。为纠正酸中毒，可静脉注射碳酸氢钠。妊娠酮血症常伴发低血钙症。因此，可同时为病羊补钙。

（六）母羊生产瘫痪

也称低血钙症或乳热病，是妊娠母羊的一种常见代谢性疾病，多会发生产前6周及产后3周内的母羊的身上。病羊的咽、舌、肠道麻痹，知觉消失和四肢瘫痪是该病的主要特征。山羊和绵羊均可患病，但2~4胎的高产奶山羊最易发。

妊娠和泌乳母羊不能从饲料中获得代谢所需的全部的钙，要依靠自身骨骼中钙的储备。当骨骼中钙库不能满足需求或日粮中钙水平过低时，就会发生低血钙症。围产期的大龄母羊钙的代谢通常都入不敷出，而产奶量高的母羊泌乳会将大量钙质消耗掉，所以低血钙症多会发生在它们身上。舍饲羊精饲料中钙含量不足，加之运输、日粮变更、饥饿及饮水不足等都可诱发该病。

1. 症状　病羊发病初期表现为食欲减少，反刍停止，体虚，步态不稳，后肢软弱，卧地不起，时常将下颌停靠在地上。此外，还可见便秘、瘤胃轻度臌气、体温下降等。正常的羊血钙值为8毫克/100毫升，而病羊血钙含量常在6毫克/100毫升以下。如果治疗不及时，病羊会在24小时后死亡。

2. 防治措施　对病羊，要加强护理，每天翻转3~5次。治疗方法如下：

①应用下列处方：5%氯化钙50毫升，10%葡萄糖120~140毫升，10%安钠咖5毫升，10%维生素C 20毫升，10%维生素B$_1$10毫升。混合，一次静脉注射。注射宜缓慢，应用强心苷期间禁用。

②静脉注射或肌内注射 10% 葡萄糖酸钙 50 ~ 100 毫升。

③注射温热的 40% 硼葡萄糖酸钙，皮下注射，1 毫升/千克体重。若缓慢静脉注射 20 毫升 40% 硼葡萄糖酸钙，见效比皮下注射快。一般注射 15 ~ 30 分钟后，病羊开始尝试站立，食欲大增，排尿、排粪，出现肌肉震颤。如果治疗后没有效果或复发，就说明有其他疾病存在。母羊患妊娠酮血症时，常伴发低血钙症，这时用硼葡萄糖酸钙注射液治疗有一定效果。

④用加味归芪益母汤治疗。方剂组成：白芍、陈皮、大枣各 20 克，益母草、黄芪、甘草、党参、白术、当归各 30 克，升麻、柴胡各 10 克。水煎，候温加白酒 100 毫升灌服，每天 1 剂。

（七）阴道和子宫脱垂

阴道壁的一部分或全部从阴门中向外脱出称为阴道脱垂，常发生于分娩以后及怀孕末期，多见于怀孕末期，山羊比绵羊多见。子宫及阴道向外翻转套叠或脱出于阴门之外称为子宫脱垂，一般发生在分娩时或分娩后 12 ~ 48 小时内。

阴道脱垂和子宫脱垂的原因包括：妊娠母羊过肥，体况评分在 4 分以上；饲喂高纤维素（特别是秸秆）日粮，营养不良；多胎妊娠（怀 2 个以上羔羊），躺卧时间太久，运动不足导致腹腔内容物对阴道壁的压力增高。此外，人工助产、胎衣不下及难产时的剧烈努责、低血钙等都能引发该病。

1. 症状　病羊表现类似于分娩初期，离群独处。阴道外翻或不完全脱出的现象在病羊卧下时可以看到，站立时就会收缩消失。病情继续发展时，长时间侧卧，间歇性努责，食欲废绝，不断咩叫，阴道呈现粉红色瘤状物完全脱出，站立时也无法复原。有时阴道和子宫脱出的程度很大，从外面就可看到子宫，表面有未脱落的胎衣，

还可见子叶胎盘。如果护理不及时，脱出过久的阴道和子宫就会发生肿胀甚至导致坏死。

2. 防治措施　对脱出的阴道，可先用浸满温水的毛巾或消毒纱布覆盖。整复时，让羊只站立或侧卧，保持前低后高姿势，将阴道的脱出部分及其周围部分先用温开水清洗，然后再用收敛性药液（2%明矾水）洗涤。用消毒纱布将阴道的外部托住，将脱出的部分用手指从基部开始逐渐向前上方推入骨盆腔内。待完全推入后，可向阴道内灌入3%明矾溶液，以减轻刺激和促进组织收缩。为了防止阴道随羊只努责再度脱出，可用拳头顶住阴门，然后再用阴道固定器（用粗铁丝或者木制的与阴唇长度相当的长三角形）压迫并固定。

对于全脱出者，先做荐尾膜外腔麻醉，再对脱出的阴道用0.1%高锰酸钾、新洁尔灭或者温水进行冲洗，将污物及已坏死组织除去。如果出现严重水肿，可用2%明矾液热敷，待肿胀明显缩小，水肿减轻再整复。然后手握成拳整复，放进链霉素2克和青霉素120万国际单位，并用20~50毫升的生理盐水注射，最后在阴户四周作袋口缝合。从阴门的一侧下角进针，围绕阴门缝合一周。必须让缝线穿过组织深部，以免撕裂阴唇，但不要缝得过紧。将缝线在数日后症状减轻时或不再脱出时拆除。为防止继发感染，可注射青霉素和链霉素，持续3~5天。

第九章
羊肉的生产

可以说，羊的浑身都是宝。羊肉是低脂肪、高蛋白的食物，口感独特，味道鲜美，一直深受广大消费者的喜爱；而羊毛、羊绒、羊皮等副产品也有着非常广阔的市场。羊的屠宰与加工工艺，在羊产业中具有相当重要的作用，它对于加速羊产业进程、提高羊肉质量等都有着不可替代的作用。尤其是近几年，随着大量现代化屠宰加工设备的引进，以及新技术在屠宰加工领域里的积极应用，我国的屠宰业水平大幅度提高。

第一节　肉羊的屠宰　〉〉〉

一、肉羊屠宰前的准备和要求

（一）屠宰前严格检疫

要从保证消费者的健康角度考虑并符合畜禽卫生检验监督部门的要求，对屠宰的羊，进行严格的兽医卫生检验，特别是在进入屠宰场之前要对商品性屠宰的羊进行严格检疫，观看可视黏膜、精神状态、被毛、呼吸及走步姿态；听羊的叫声和咳嗽声；触摸羊体各

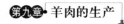

部位，判断体温高低；观察口、鼻、眼有无过多分泌物；摸体表淋巴结大小，保证无各种传染疾病。然后再屠宰。

（二）病羊的处理

应根据疾病性质、病势轻重以及有无隔离条件等，对屠宰前检出的病羊进行正确的处理。

1. 禁宰　对于经检查确诊为炭疽病、狂犬病、羊快疫、羊肠毒血症等恶性传染病的养殖，采取不放血扑杀法。病尸只能工业用或销毁，不得食用，立即对同群羊只测温，在指定地点对体温正常者认真检验，并进行急宰；不正常者予以隔离观察，确认为非恶性传染病方可屠宰。

2. 急宰　应立即将确诊为不妨碍食品卫生的，一般疾病或一般传染病但有死亡危险的羊只进行屠宰。凡疑似或确诊为口蹄疫的羊及同群羊，患布氏杆菌病、结核病、乳房炎或其他疾病及普通病的羊只均需进行急宰，宰后彻底对场地和皮张进行消毒。

3. 缓宰　确诊为一般传染病并有治愈希望的羊，或疑似传染病患羊而未确诊者应予以缓宰，但应由隔离条件和消毒设备决定。

（三）屠宰前的准备

羊在屠宰前应停止喂食，一般最适宜的断食时间为 12～24 小时。断食期间要给以充足的清洁饮水，但应在宰前 2～4 小时停止喂水。断食能使消化道的污物减少，既便于清理内脏，又有利于充分放血。让羊在断食期间充分休息，禁止棍棒殴打或用力抓羊的皮肤，避免其惊慌。喂水能湿润肌肤，使皮与皮下脂肪之间组织松软，便

于剥皮。

二、屠宰的工艺流程

（一）击晕

为了防止因恐怖和痛苦刺激而造成血液剧烈地流集于肌肉内而致使放血不完全，以保证肉的品质，机械屠宰通常都会采用电麻将羊击晕。羊的麻电器与猪的手持式麻电器相似，前端形如镰刀状为鼻电极，后端为脑电极。麻电时，手持麻电器将前端扣在羊的鼻唇部，后端按在耳眼之间的延脑区即可。手工屠宰法提升吊挂后直接刺杀，通常并不进行击晕过程。

（二）刺杀放血

经过活体检查合格的羊便可进行屠宰。屠宰羊只有三种方法，目前我国通常采用"大抹脖"的方法屠宰羊。

1. **大抹脖**　此法除机械化、半机械化屠宰场外，我国广大农村牧区宰杀绵、山羊，也广泛采用。屠宰时将羊只挂到吊轨上，或固定在屠宰用的木凳或木板上，用屠宰刀在下颌角附近割断颈动脉，并顺下颌将下部切开充分放血。简便易行，但影响皮张完整。

2. **胸腔放血**　先捆住羊的前两肢和一后肢，羊的另一后肢以人腿压住，从羊第 3、4 根肋骨的腹中线处用尖刀划开一个刀口。将手伸入胸腔，用手指折断背动脉，血液流至胸腔。

3. **纵向放血**　为了避免血液污染皮毛，在羊的颈部将皮肤切开，切口长 8 ~ 12 厘米，然后把刀从切口伸入并向右偏，以将气管、血管挑断，但食管不能切断，让血液流入容器内。

宰杀时一定要做好对羊的保定，不要使羊只受到惊恐或过分的挣扎，以免影响放血效果。为了防止血液污染皮毛，放血时要将羊头稍向下倾斜，当流干净血以后要马上进行剥皮。

（三）剥皮

剥皮要在放完血之后，趁羊屠体还有一定的体温时立即进行。剥皮的方法是将羊四肢朝上仰置于剥皮架上，用尖刀将皮层沿腹中线挑开，沿前胸部中线向前挑至嘴角，向后经过肛门挑至尾尖，再从两前肢和两后肢内侧，垂直于腹中线向前后肢各挑开两条横线，前肢到腕节，后肢至飞节。接着开始剥尾部皮肤，因为尾部皮肤薄，脂肪多，为了避免影响皮张完整，剥皮时要特别小心。胸部皮肤紧贴肌肉，皮下脂肪更少，在剥皮时要一点一点地用刀剥离，直至剥离干净。剥皮时，先用刀沿着挑开的皮层向内剥开 5 ~ 10 厘米，然后用拳揣法剥皮。采用半机械化剥皮时，可把羊倒挂在横式架上，然后由尾方向用力向下撕剥羊皮，所剥下的羊皮是整张的而且应带有四个蹄子。用"大抹脖"法屠宰时，可一次性完成放血、剥皮过程，但容易使皮毛发生污染。采用机械化剥皮时，是将羊倒挂在轨道滑轮钩上，按上述方法剥。

力求剥下来的皮板上不带肉脂。剥下的羊皮毛面向下，平整铺在地面上晾干。

（四）剖腹摘取内脏

羊皮剥完后，接着去头和去蹄。去头是从枕环关节和第一颈椎间切断，去蹄，后肢是胫骨以下切断，前肢是从桡骨以下切断。然后将屠体倒起来，用吊钩在已固定好的横杆上挂好，进行剖腹（开膛）摘取内脏。剖腹时，先将腹部刀口延到 15～20 厘米，瘤胃随即涌出，稍加剥离食管，将其打一个结扣，然后用力从胸腔取出。随后取出胃、肠、食管、膀胱等，再划开横膈肌。将心脏、肝脏、肺脏、气管取出，一般将肾脏留在胴体上，不进行剥离。通常要直接用手摘取内脏，必须用刀时，下刀要轻巧，不能把胃、肠、胆囊等划破，以免污染肉体。最后将阴茎、睾丸和乳房等用刀剥去。

第二节　肉羊胴体分割　　　　　　　》》

肉羊的胴体分为大羊肉、羔羊肉和肥羔肉。羔羊肉是指宰杀不满周岁的羊的肉，其中把屠宰的 4～6 月龄羊的肉，称为肥羔肉，大羊肉是指宰杀周岁以上羊的。肥羔肉因品质细微、汁多、易于烹饪，深受欢迎，养羊发达国家羊肉以肥羔肉为主。

一、胴体品质

品种、年龄、性别、营养水平和屠宰季节等因素都会对胴体的品质产生影响。对胴体的品质要求，则随人们的习惯和爱好各有差异，一般可包括以下几方面。

（一）肌肉丰满、柔嫩

胴体中肌肉的百分率高，骨的百分率低，则出肉率高。肌肉丰满，脂肪适中，只有当年羔羊的肥羔肉最好。因为肌肉生长速度最快的时期就是幼龄时期，若想得到物美价廉的产品，就可以在此时采用高营养水平饲养，令其生长强度最大的部位得到充分发育。例如：用低营养水平喂大的羔羊，则腿高、颈长、体窄而瘦、缺少脂肪、后腿和腰部肌肉特别不发达，肉的品质差；而用高营养水平喂大的羔羊，腿短、躯干宽而深，在9周龄和14周龄时已有很厚的皮下脂肪，这是早熟肉用种绵羊的特征。

（二）肉块紧凑、美观

消费者需要小而紧凑、重量不大的肉块，切割容易，适合多种菜谱的配制。骨骼尽量短而细，使肌肉显得丰满，烹调时可以切成鲜嫩的肉片。倘若骨骼长而粗、肌肉薄而脂肪少，则烹饪后显得干枯。

（三）脂肪匀称、适中

肌肉间脂肪和皮下脂肪的比例要高。在胴体的整个表面均匀地分布着皮下脂肪。因为，羊在不同年龄时脂肪的贮积速度不同，一般按照下列次序排列：花油—板油—肌肉间脂肪—皮下脂肪。上等品质肥羔的胴体上，必须覆盖着一层最低限度的皮下脂肪。按此规律，要获得满意的皮下脂肪，可在宰前一个时期给予高营养水平饲养。脂肪的含量应该中等，以肉在贮藏、运输和烹调时不过于干燥为宜。

（四）绵羊肉的规格标准

可将绵羊肉分为羔羊肉和大羊肉，前者是指不满 1 岁的羊，后者指周岁以上的羊。4～6 月龄羊生产的肉称为肥羔肉。我国把绵羊胴体分为四级。

一级：骨不外露，肌肉发育最佳，全身充满脂肪，在肩胛骨上附有柔软的脂肪层。

二级：骨不外露，肌肉发育良好，全身充满脂肪，肩胛骨稍突起，脊椎上附有肌肉。

三级：仅脊椎、肋骨外露，肌肉不甚发达，并附有细条的脂肪层，在臀部、骨盆部有瘦肉。

四级：骨骼明显外露，肌肉不发达，体腔上部有脂肪层。

二、胴体分割

结合消费者的不同需求，根据羊胴体各部位肌肉组织结构的特点，为了便于保管和运输，可将羊的胴体进行分割。

常见的分割法把胴体分为六块（图9-1）。

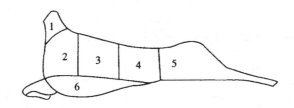

图9-1　胴体剖分图
1. 颈肉　2. 肩腰肉　3. 肋肉　4. 腰肉　5. 后腿肉　6. 胸下肉

后腿肉：从最后腰椎处横切下的后腿部分。

腰肉：从最后腰椎处至最后一对肋骨间横切、去掉胸下肉。

肋肉：从最后一对肋骨间至第4与第3对肋骨间横切，去掉胸下肉。

肩胛肉：从肩胛骨前缘至第4对肋骨去掉颈肉和胸下肉。

胸下肉：从肩端到胸骨，以及腹下无肋骨部分，包括前腿腕骨以上部分。

颈肉：从最后颈椎与第1块胸椎间切开的整个颈部。

不同的分割肉其食用价值、食用方法和价格都有很大的区别。一般，最好的是约占胴体的50%以上的后腿肉和腰肉。按商品肉分级，腰肉、肋肉、后腿肉和肩胛肉属于一等肉，属于二等肉的是颈部、胸部和腹肉。

三、我国羊肉的分级标准

（一）大羊肉胴体的分级标准

胴体级别	胴体重（千克）	背部脂肪厚度（厘米）	其他
一级	25～30	0.8～1.2	脂肪含量适中
二级	21～23	0.5～1.0	
三级	17～19	0.3～0.8	

凡不符合三级要求的均列为级外胴体。

（二）羔羊肉胴体分级标准

胴体级别	胴体重（千克）	背部脂肪厚度（厘米）
一级	20～22	0.5～0.8
二级	17～19	0.5左右
三级	15～17	0.3以上

（三）肥羔羊肉胴体分级标准

胴体级别	胴体重（千克）	肉质及脂肪含量
一级	17～19	肉质好，脂肪含量适中
二级	15～17	肉质好，脂肪含量适中
三级	13～15	肉质中等，脂肪含量略差

凡不符合三级要求的均列为级外胴体。

绵羊的胴体品质要比山羊好，山羊胴体皮下脂肪的覆盖面不多，大理石纹甚微，在相同饲养下的同龄羊所产的肉膻味要比绵羊较重一些。脂肪主要在体腔器周围（肾及肠胃），分布不均，肌间沉积少，因此，烹饪难度大，口感也不及绵羊肉。但也正因其脂肪含量低、肉含水量高且瘦肉多，而受到部分消费者的欢迎。

第三节 羊肉肉质评定指标及营养成分 》》

一、羊肉的物理性状

羊肉的物理性状包括肉的颜色、嫩度、失水性、氢离子浓度（pH）、气味（膻味）和熟肉性等。

（一）肉的颜色

羊的骨肉与脂肪组织的颜色决定了羊肉的颜色，同时羊肉的颜色又因年龄、性别、肥度和宰前状态的不同而异，也跟放血的完全与否、冷却、冻结等加工工艺有关。就绵羊而言，老母绵羊的肉呈暗红色，羔羊肉呈淡灰红色，成年羊的肉呈鲜红或红色。

因为在肌肉中含有呈红色的血红蛋白和肌红蛋白，所以羊肉正常的颜色是红色。即使在宰杀羊只之后进行充分放血，仍会在微细的毛细血管中有少量的血液残留。血液中血红蛋白的含量对肉的颜色有直接关系。由此可见，肉的颜色是由血红蛋白的色泽所决定，肉的色泽越红肌红蛋白越多。肌红蛋白在肌肉中的数量与品种和年龄有关。成年公羊和母羊肉中可高达 12～13 毫克/克；羔羊肉为 3～

8 毫克/克。

如果肉中有较高含量的肌红蛋白，肉色就会发暗。含铁少和高营养水平的饲料所喂养的羊，因为肌红蛋白在肌肉中的含量少，肌肉色泽就会比较淡。如果将剥离后的羊肉在空气中放置一定时间，其肉就会从暗红色变成褐色或鲜红色。肌肉颜色的变化通常都是因为肌红蛋白分子被氧化造成的。将羊肉冷却、冻结或经过长期贮藏，其颜色也会发生变化，这是空气中的氧对肌红蛋白作用的缘故。

羊肉颜色的测定方法，有仪器测定法和目测法两种，通常主要用到的还是目测。在胴体分割后，目测腰肌、肋肌及后腿肌的色泽。最好是在白天正常的室外光下进行，不能在暗光处观察，也不能在阳光直射下观察。另一种是根据肌肉颜色对光的反射强弱设计的仪器来测定。

（二）羊肉嫩度

煮熟的肉入口后在咀嚼时对碎裂的抵抗力称为羊肉的嫩度，常指加工肉或煮熟的肉或加工烹饪成其他制品的肉多汁、柔软和易于被嚼烂的程度。在肉被咀嚼的过程中不易嚼烂的程度称为肉的韧度，它与嫩度正好相反。前者是受消费者欢迎的重要品质指标，后者是不受欢迎的指标。品种、性别、年龄、肌肉的组织学结构（即肌纤维的直径）及宰杀后的成熟作用和冷冻方法等因素都容易对羊肉嫩度产生影响。如羔羊肉或肥羔肉，由于肌纤维的纤维细，含水分多，结缔组织少，所以其肉质就显得比老龄羊的肉细嫩。

在对羊肉进行加工加热处理过程中，由于不同的加工条件，有时会降低肉的嫩度，有时则可提高肉的嫩度，这是因为在加热过程中肌肉组织发生了化学或物理的变化的缘故。根据人们日常的生活经验，在煮肉时肌肉会在水沸腾以后收缩变硬，这时如果将用小火焖煮，且时间稍微长一点，煮熟的肉就比较容易烂，而且易咀嚼。

研究表明，肉的嫩度跟宰杀羊后分割胴体的时间、胴体温度有密切关系。通常羊宰杀后胴体剔骨（分割）有两种方式，一种称为热剔骨，是立即将宰杀后的胴体进行剔骨（分割）；另一种称为冷剔骨，是将胴体冷却到-7℃时再进行剔骨（分割）。用冷剔骨法时，为了避免肌肉发生强烈收缩而降低肉的嫩度，不要使胴体的温度迅速下降。所以，要求宰杀后的羊，在 10 小时之内，胴体温度不低于8℃。

羊肉的嫩度实际上还与肌纤维的直径有密切关系，肌纤维细，烹调后口感细嫩。嫩度是反映肌肉蛋白质结构特性及其在物理和化学的作用下发生的变性、凝集和水解程度，也是衡量肉品质的重要指标。

测定羊肉嫩度（又叫剪切值）主要是利用仪器来进行，也就是客观评定法。目前，通常采用肌肉嫩度计即 C-LM 型肌肉嫩度计，以千克为单位表示。根据中国农业科学院畜牧研究所肉羊组的研究结果，羊肉的嫩度（或剪切值），无角道塞特公羊同小尾寒羊母羊杂交的杂一代公羊相应为 5.23 千克和 8.06 千克；小尾寒羊母羊同德国肉用美利奴公羊杂交的杂一代公羊背最长肌为 4.03 千克，股二头肌为 4.23 千克。剪切值愈小，表明肌肉愈嫩。如果没有肌肉嫩度计的情况下，可以采取口感品尝来判定，其方法是取 500 克后腿或腰

部肌肉放入锅内蒸 60 分钟，将其取出后切成薄片，放在盘中，任意添加佐料，感觉咀嚼碎裂的程度，不易碎裂表明粗硬，易碎裂则嫩。

（三）羊肉的 pH

反映羊宰杀后肌糖原酵解速度和强度的最重要指标就是肌肉 pH。活的家畜肌肉 pH 范围在 7.1~7.3，呈中性。宰杀放血以后经 1 小时，可使肌肉 pH 下降到 6.2~6.4，呈微酸性，肌肉 pH 在放置 24 小时后为 5.6~6.0。之所以宰杀后的羊肉 pH 会降低，是因为在肌肉组织中存在糖酵解酶，使糖原转化分解所致。

肉的风味直接受羊肉 pH 影响，由此可以对鲜肉的变化情况进行判断，如肉的成熟或后熟、肌肉中细菌的生长情况等。当肉慢慢腐败时，其 pH 从酸性到碱性，即健康新鲜肉的 pH 为 5.7~6.2，可疑新鲜肉为 6.3~6.6，6.7 以上属于不新鲜的肉。测定肌肉 pH 的合适时间，一般在牲畜宰杀后 45 分钟，宰杀后 24 小时测定为最终 pH。

测定鲜肉 pH 的方法较多，有 pH 电表仪，石蕊试纸法、酸度计、EA-940 可扩展离子分析仪等。在左侧（软半）胴体最后胸椎处的背最长肌处测定，把酸度计直接插入肉样，应不低于 1 厘米的插入深度。

（四）熟肉率

熟肉率是测定肌肉在烹饪过程中的保水情况。熟肉率越高，肌肉在烹饪过程中的系水力就越高（孙玉民，1993）。受热后的肌肉，其组织成分会发生一系列化学变化和物理变化。主要是在受热过程中蛋白质变性凝固并失去水分的程度，这是消费者十分关心的一个具有实际经济意义的实用指标。采用常规方法，取 500～1000 克硬半（右半）胴体腿肌肉（W1），然后将其放在盛有沸水的铝锅蒸屉上，加盖后蒸 60 分钟，然后将蒸肉的肉样取出，在室内无风阴凉处用铁丝钩挂置，静置（冷却）30 分钟，再称重蒸熟后的肉（W2）。计算公式：

熟肉率＝W1/W2×100%

式中 W1——蒸前肉样重（克）；

W2——蒸后肉样重（克）。

（五）肉的成熟

如直接对屠宰后几小时内的鲜羊肉进行烹饪加工，会对羊肉的风味和口感产生影响，表现为肉质粗韧，肉味不佳，肉汤浑浊。因此，通常烹饪用的鲜羊肉都是经过后熟处理（排酸处理）的。一般的方法是在 0～4℃的室内或冷藏库中将屠宰后的胴体静置一段时间（0℃下放置 2 天，1～4℃放置 7～8 天），在肌肉组织糖酵解酶的作用下，达到使羊肉成熟的目的。这个过程在畜产品加工工艺上也称作排酸。烹饪成熟后的羊肉，肉汤透明，汁多味美，易于消化。在成熟处理时，必须严格控制相对湿度（85%～87%）和温度，才能获得满意效果。

（六）羊肉的气（膻）味

广大消费者十分重视的羊肉的气（膻）味，同时这也是羊肉的质量指标之一。因为我国北方农牧结合区的城乡居民或广大牧区的牧民，长期以来有喜食羊肉的习惯，因此他们习惯了羊肉的膻味。

207

但在江南一带的城乡居民和农民就不尽然，很多人并不习惯吃羊肉，对羊肉的膻味就更不习惯。羊肉中所存在特殊挥发性脂肪酸（可溶性类脂物）决定了羊肉的膻味。羊肉的气味来源于：

1. 生理的　就是羊本身特有的气味，这种气味就是我们通常所说的膻味。绵羊肉比山羊肉的膻味要稍微轻一些。年龄、性别、去势不去势都会对膻味产生影响。通常母羊比公羊气味轻（尤其是公山羊气味更重），年幼的比年老的气味轻，去势的比未去势的气味轻。

2. 喂异味的饲草　如育肥羊期间，喂给羊草木樨、沙打旺等有异味的草，其肉就有异（苦）味。

3. 屠宰前给羊注射或口服某种药物　如注射樟脑，就会使羊肉带有异味。

还有其他因素使羊肉产生异味。

煮沸品尝是对羊肉气（膻）味的最简便的鉴别方法。可取500～1000克硬半（右半）前腿肉，放在铝锅里蒸60分钟，取出切成薄片，放入盘中，不加任何佐料（原味），凭咀嚼感觉来判断气（膻）味的浓淡程度。

二、羊肉的营养成分

羊的主要生产产品就是羊肉。近些年来羊肉产量在整个肉类产量中的比例呈逐渐上升趋势，并且羊肉已成为我国人民膳食结构中不可缺少的食品之一。

羊肉的营养成分：羊肉含有脂肪、蛋白质、维生素、无机盐、水分等。品种、性别、季节、饲料等不同，上述成分也有所不同。此外，同一胴体的不同部位其组成也不一样，在贮藏过程中受酶等因素的作用而使胴体发生复杂的生理生化变化，其组成也会发生变化。

山羊肌肉营养成分中水分含量要比绵羊高，蛋白质含量山羊比绵羊高，脂肪含量绵羊比山羊高，灰分含量山羊比绵羊高。表明就营养价值来说，山羊肉比绵羊肉更有优势。同时也看到经育肥后的绵羊易沉积脂肪。

羊肉的蛋白质含量略高于猪肉，但比牛肉低，脂肪和热能含量低于猪肉，高于牛肉。氨基酸中的精氨酸、组氨酸、赖氨酸、丝氨酸含量比牛肉、猪肉和鸡肉都要高，所含核黄素和硫胺素也较其他肉类多。

另外，羊肉中胆固醇含量很低，每 100 克肉中，绵羊含 70 毫克，山羊含 60 毫克，大牛肉含 106 毫克，犊牛肉含 140 毫克，所以羊肉更具保健性。

三、影响羊肉品质的因素

（一）年龄和体重

随着年龄的增长家畜的体重不断增加，一直到成年。因此，体重与年龄这两个因素的关系比较密切。不同品种绵羊、山羊的年龄和体重的变异范围很大。通常绵羊胴体中脂肪的比例随着体重的增加而增加。

年龄对羊肉的嫩度有很大影响，但从羔羊到周岁年龄内并没有

很大的变化。因此，随着年龄增长，肌肉组织中肌纤维显著变硬，脂肪减少而使胴体的品质降低。羊肉的嫩度在不同年龄的羊之间差异很明显，年龄较大的绵羊肉嫩度就差一些。在冷冻后，皮下脂肪覆盖厚的胴体比皮下脂肪薄的胴体不容易变老。

家畜屠宰放血后，通电进行刺激，可使肉的嫩度增加。

（二）营养和饲料

营养问题实际上是由饲料和气候所决定的。在对同龄羊进行比较时，日粮成分和营养水平对胴体成分的差异有很大影响。但是营养水平和日粮成分对胴体重相同的个体没有太大影响。有人认为相同品种和性别的个体胴体组成决定于体重，实际上是决定于营养状况。在饲料中适当增加蛋白质，改变饲料成分，就能使体内的脂肪沉积量增加，改善肉的品质。

因此，营养对胴体品质的影响，主要是饲喂量及次数、日粮的营养水平和羊的发育阶段等因素的相互作用的结果。

（三）品种

多年来，在生产羊肉时，国外已摸索出一些规律与经验。如父本为小型的南丘羊时，后代胴体较肥，如果和萨福克羊作父本的胴体比较，其脂肪比例要高3%～6%。因此，在体重较小时，南丘羊的杂种羔羊早期屠宰胴体品质较好。如果等到体重太大再屠宰，宰后的胴体就会过肥。如果在南丘羊和萨福克羊的杂种后代同一体重时屠宰，那么南丘羊的后代就较肥。新西兰原来用南丘羊生产肥羔，由于其胴体太肥，所以后来改为萨福克作父本。

在胴体重量相同的南丘羊杂种与萨福克羊和罗姆尼羊杂种对比，其骨重所占比例小。

不同品种之间羊肉适口性没有明显差异。但半细毛羊或粗毛品种的嫩度要比细毛羊的胴体稍好。细毛羊的肉有较大膻味。

（四）去势与不去势

我国生产羊肉一般还是用淘汰老残母羊或羯羊的传统方式。很少直接用公羊育肥来生产羊肉。其他不少国家，一般会采取将以产肉为目的公羊进行阉割后育肥的传统方式。但欧洲的一些国家在近些年来，提倡将不去势（阉割）小公畜直接育肥的方法，在某些国家肉品供应中这种公畜肉占较大比重，例如每年瑞典屠宰的肉牛中公牛肉占58%。

1. **生长速度** 一些研究报道，公羊和阉羊进行比较，具有饲料利用率高、胴体瘦肉多、生长速度快等特点。这些特点是由于受到睾丸激素、特别是睾酮的刺激所致。研究表明，在饲养管理条件相同的情况下，平均日增重公绵羊为230克，而阉羊为200克。公羊比阉羊的饲料转化效率要高12%～15%，比母羊高13%左右。

2. **胴体特性** 研究认为，虽然公羊没有阉羊的屠宰率高，但其肌肉切块产量和瘦肉率较高。据试验测定，阉羊平均屠宰率为51.3%，脂肪厚度为6.9毫米；而公绵羊平均屠宰率为49.46%，脂肪厚度为5.2毫米。研究还认为公羊、阉羊瘦肉分布情况也与雄激素有关。

3. **肉品香味** 公羊肉柔软，比阉羊的嫩度小，相同年龄的公羊和阉羊肉的食用特性也无差异，无芳香性的差别。其肉的多汁性和

肉味差别很小。

消费者主要从肉的嫩度和味道（膻味）的浓度考虑，来对羊肉进行评价。